耗能隅撑钢框架结构性能与设计

许 峰 许 伟 著

中国建筑工业出版社

图书在版编目（CIP）数据

耗能隅撑钢框架结构性能与设计 / 许峰，许伟著
. — 北京：中国建筑工业出版社，2022.6
ISBN 978-7-112-27261-7

Ⅰ. ①耗… Ⅱ. ①许… ②许… Ⅲ. ①钢结构-框架
结构-结构性能-研究②钢结构-框架结构-结构设计-
研究 Ⅳ. ①TU391

中国版本图书馆 CIP 数据核字（2022）第 054935 号

本书讲述了耗能隅撑钢框架结构的性能与设计。新型装配式耗能隅撑节点钢框架结构体系与传统的防屈曲约束支撑框架结构相比，其耗能隅撑构件体量小、布设灵活（非全部框架节点都布置）、安装方便。对于民用等层高较低的建筑，可隐藏于建筑内、外墙内，不影响门、窗洞口的设置；对于层高较高的公共建筑等，可隐藏于通风、消防等设备吊顶内，不影响建筑布局，满足多种建筑功能的需求。本书为作者研究多年成果，全面讲述了耗能隅撑钢框架结构的性能与设计。

责任编辑：吕　娜
责任校对：李美娜

耗能隅撑钢框架结构性能与设计
许　峰　许　伟　著

*

中国建筑工业出版社出版、发行（北京海淀三里河路9号）
各地新华书店、建筑书店经销
北京鸿文瀚海文化传媒有限公司制版
北京建筑工业印刷厂印刷

*

开本：787毫米×1092毫米　1/16　印张：12¼　字数：304千字
2022年9月第一版　　2022年9月第一次印刷
定价：**55.00**元
ISBN 978-7-112-27261-7
（39129）

前　　言

耗能隔撑节点钢框架结构是在钢框架结构基础上，在梁柱节点区域附近增加全装配式耗能隔撑而形成的新型抗震结构体系，梁、柱及隔撑之间完全采用螺栓连接，称为新型装配式耗能隔撑钢框架结构体系。隔撑采用局部削弱方法处理核心单元，使其实现具有定段屈服的功能，外套螺栓连接的防屈曲约束槽钢组，形成防屈曲约束装置，所形成的结构称为全金属装配式耗能隔撑。由耗能隔撑与梁柱节点组成的节点区域称为耗能隔撑节点。增加耗能隔撑后的钢框架节点形成无弯矩节点或低弯矩节点框架形式，改变原框架结构节点的复杂受力状态及严苛的抗震验算，避免了原钢框架梁柱节点在大震作用下发生脆性破坏而导致结构倒塌的严重问题，简化施工过程，提高装配效率。

在此新型装配式耗能隔撑节点钢框架结构体系中，与传统的防屈曲约束支撑框架结构相比，耗能隔撑构件体量小，布设灵活（非全部框架节点都布置），安装方便，对于民用等层高较低的建筑可隐藏于内、外墙内，不影响门、窗洞口的设置；对于层高较高的公共建筑等，可隐藏于通风、消防等设备吊顶内，不影响建筑布局，满足多种建筑功能的需求。结构受力方面，耗能隔撑的设置既解决了纯钢框架结构的抗侧移刚度低的问题，又解决了框架支撑结构刚度不均匀及空间布置不灵活的问题，既能够提高结构的承载力和抗侧移刚度，又能在设防地震和罕遇地震作用下起到消能的作用，具有"刚柔并济"的抗震性能，进而实现抗震性能设计的目标。该结构形式适用于新建装配式多高层建筑、旧有建筑加固改造、抗震安居工程及工业园区建造等多种类型建筑，整个新型结构体系施工和维护速度快，建造方法符合我国的绿色、装配式结构建造目标。

全书共分5章，第1章介绍耗能隔撑以及其钢框架结构的研究背景与进展；第2章介绍耗能隔撑钢框架节点拟静力试验研究成果；第3章介绍低周往复荷载下的耗能隔撑钢框架的抗震性能及动力弹塑性分析；第4章介绍耗能隔撑布置方式对钢框架抗震性能的影响；第5章介绍耗能隔撑加固既有钢框架结构抗震性能分析、设计方法。

本书编写过程中，研究生贡天波、王小钊、李振兴、马震参与了有关试验和模拟研究工作；张世垚、沈锦超、杨冠群、张永良、王一凡、刘娜、张涛、才慧宇参与本书的编写和插图绘制工作。在此一并表示最衷心的感谢！

限于作者的认识水平、能力和实践经验，书中难免存在诸多缺陷或错误，敬请广大读者给予批评指正。

目　　录

第1章 绪论

1.1 耗能隅撑以及其钢框架的研究背景

随着人类文明的不断发展，对于地震这类自然界灾害的认识也不断深入，房屋建筑的抗震设计方法包括了静力法、反应谱法和探讨不同烈度地震的破损程度的两阶段设计法，再到向目前主流的限制结构地震能量耗散模式的设计方向发展。这象征着人类抵挡地震灾难的对策开始从最初、简单的"抗震"正在向高明的"减震"与"控震"转化。广袤的中国大陆地处于欧亚地震带与太平洋地震带上，地质构造错综复杂，地震的活跃程度也很频繁，是世界上地震灾害耗损最为严重的国家之一。有研究表明，我国的总面积仅占世界总面积的7%，而我国发生的地震总量却超过全世界的30%，此外我国近60%的国土和50%的城市都处于7度以上烈度区，因此，尽可能地使地震损失最大化地减少，是人类当前必须要完成的任务。伴随着科技的日新月异，结构耗能减震技术逐渐成为防御地震灾难的一种有效方法。金属耗能器能够成为工程师们对结构实行耗能减震设计的重要手段，其根本原因在于它耗能性能好、功效稳定、温度作用影响较小以及拥有良好的持久性等优势。《建筑消能减震技术规程》JGJ 297—2013 中规定，新建消能减震结构设计以及既有建筑结构消能减震加固设计，它们都是以消能减震设计为其结构设计最为核心的设计方法，同时消能减震加固技术被应用在既有建筑结构上时，抗震设防标准应高于现行国家标准《建筑抗震鉴定标准》GB 50023—2009 的规定。

钢结构框架相较于传统的框架，其抗侧移能力与变形能力都较为优秀，除此之外，装配灵活，自重较轻，拥有良好的抗震性能都是钢结构的优势，现如今越来越多的钢结构框架结构体系被广泛应用，如：纯钢框架（MRF）结构、中心支撑框架（CBF）结构、偏心支撑钢框架（EBF）结构、隅撑支撑框架（KBF）结构，而如今大部分钢结构框架都以刚接和铰接节点为主，虽然外伸端板连接通常被认为是刚性连接，但有研究表明，外伸端板半刚性节点具有一定的转动能力，因此严格意义上属于半刚性节点的范畴，耗能隅撑属于一种特殊形式的屈曲约束支撑，因未有明确的设计方法以及相关公式而尚未被广泛应用，而半刚性节点与耗能隅撑的综合应用更是少之又少，因此有必要研究半刚性节点与耗能隅撑的共同作用下的抗震性能，完善我国的新型钢结构形式，这对提高我国组合钢结构的研究水平有重要的意义。

与此同时，由于国家全面改革的持续深化，经济情势的连续向好，而且钢铁产量位在全球名列前茅，钢结构建筑技术的应用与发展已步入鼎盛时期；其不断在工业建筑、大型公共建筑、民用建筑以及各类国家重点土建工程中获得了普遍的应用，与此同时钢结构住宅的维护、加固、改造也如雨后春笋般出现。以往钢结构行业因钢材长期缺乏而无法满足建筑使用的情况已转变为促进钢结构急剧发展的策略。根据相关部门简单统计，目前的钢

1

结构建筑物建筑面积已超过 3.5 亿 m²；钢结构的各种优点不但获得了整个社会的普遍重视和赞同，并且也使这类结构系统在工程建造领域中占据日益重要的地位。在此局势下，很快就产生了对既有钢结构建筑物的加固与改良的需求。

由于我国很多地区处于地震带上，为保证建筑抗震安全，各个地区的抗震设防标准早已经由国家抗震设计规范设定好了。当既有建筑相关重要功能发生改变时，主体结构必须满足现行抗震规范的相关要求。基于此，既有建筑结构抗震加固技术成为越来越热门的研究。

消能减震结构设计的意义，是使结构构造的延性增强，是目前较为先进的抗震加固技术。防屈曲支撑在国外已经进行了深入的探索和大量的工程实践。当前国内对防屈曲支撑进行了大量的理论剖析、实验探究和工程运用。防屈曲支撑在以混凝土结构为主的混凝土框架加固工程中已有一些使用实例，对在钢结构工程设计中的运用也有探究，但在对既有钢结构实行抗震加固工程的运用并不太多。

传统的防屈曲支撑作为支撑的一种形式，体量大，加固安装不方便，同时防屈曲支撑占用一定的使用空间，无法满足开阔、大空间的改造需求。因此，本课题提出小型隔撑支撑结构，安装在梁、柱连接节点附近，加固改造后形成新型的结构体系，用以实现抗震加固改造的目的，然而已有的建筑设计规范对于本课题提出的结构形式并无可以应用的理论依据，这为本课题的研究提供了空间。在这种结构体系中，耗能隔撑构件体量小，布置灵活，加固改造安装方便，不影响建筑布局，满足多种建筑功能的需求。同时，耗能隔撑的设置既解决了原钢框架结构的侧移刚度低的问题，又解决了采用防屈曲支撑加固框架结构刚度不均匀及空间布置不灵活的问题，既能够提高结构的承载力和抗侧移刚度，又能在设防地震和罕遇地震作用下起到消能的作用，同时该种加固方法施工速度快，无需大型安装设备，安装效率高，可实现钢结构建筑加固改造装置工厂化预制、现场装配式安装。

目前钢结构建筑已普遍应用于我国各大中小城市的基建、公建设施中，选择屈曲约束支撑连接在梁柱附近，作为加固用的新型耗能隔撑，对既有钢结构建筑进行抗震加固改良具有很大的市场空间，意义深远。

另外随着科学技术水平的发展，我国钢材的冶炼、生产、加工等技术水平不断提高，到 2015 年全球的钢产量达到 22 亿 t。而国内的钢产量占世界钢产量近 49%，随之带来的钢材的价格成倍下跌。随着钢结构设计理论不断成熟，以及中国"十三五"规划的要求——钢结构建筑要占所有建筑的 33% 的实施，钢结构建筑得到了迅速发展以及逐渐普及。钢材是一种绿色建材，具有自重轻、易加工、延性性能好等特点，使得钢结构具有高的机械化水平、较短的施工周期、易于改造和加固等特点，使其在高层以及超高层建筑中得到普遍的应用。与其他结构体系相比，钢结构体系在高烈度地区能降低建筑的自重，能够有效地减小地震作用。由于钢材本身的材料性质（如延性），在地震作用下，钢结构能减小地震效应，具有抵挡强烈的地震作用以及优良的恢复特性。

我国处于环太平洋地震带与欧亚地震带两大地震带之间，主要受三大板块的相互挤压，这三大板块分别为亚欧板块、太平洋板块和印度洋板块，因此我国的地震断裂活动十分活跃。据统计，中国因地震造成的死亡人数已经占国内自然灾害总人数的 1/2，同时也造成了巨大的经济损失。因此对建筑结构抗震的研究是十分必要的，而钢结构具有良好的抗震性能，对其研究也颇为重要。

MRF 结构由梁、柱两种主要受力构件组成，梁、柱主要采用刚性或半刚性连接。这种体系结构较为简单、柱间不设支撑、平面布置灵活、层间刚度均匀、延性性能良好以及具有一定的耗能能力（主要是通过梁端弯矩过大而形成弯矩塑性铰而产生的非弹性变形）等优点，因此得到了广泛的应用。然而，MRF 结构比较柔，抗侧移能力较差，为了满足建筑抗震规范对层间位移及侧移的要求，需要增大梁截面和柱截面，但此时截面却超过结构强度的要求，造成了钢材的浪费，进而大大增加成本，因此 MRF 结构形式在使用范围上被很大程度地限定了——仅适用于多层及以下建筑结构。

图 1-1 为典型 MRF 的滞回曲线，从图中可以看出，在往复荷载作用下 MRF 结构的滞回曲线具有一定的饱满度，在承载力不变的情况下，MRF 结构可产生很大的水平位移，展现出了 MRF 结构具有一定的耗能性能、较好的延性。但这种大变形降低了建筑的舒适度，而且在高度较大时，不能满足建筑的正常使用要求。

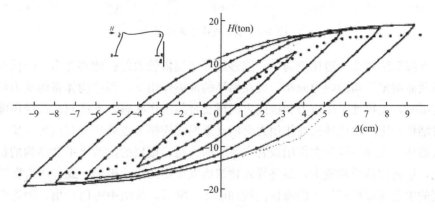

图 1-1 MRF 的滞回曲线

MRF 结构是一种柔性结构体系，有着较大的延性以及一定的抗震性能。当在高烈度地区承受较大的地震作用时，由于钢框架的抗侧移能力较弱导致层间位移和顶点位移较大，进而对主体结构造成很大程度的损害。这种结构体系将大部分地震输入的能量通过梁端弯矩所产生的塑性铰的非弹性变形进行耗散，同时梁柱节点和楼板发生非线性变形亦能耗散部分地震能量。若同时考虑 P-Δ 效应，这样的非线性变形是巨大的，对梁柱节点、梁端和楼板的损害程度更大，甚至导致整座建筑物的倾覆。为了防止这种破坏现象的出现，需要增加结构体系的抗侧移刚度，因此一种新的结构体系出现了——钢框架支撑体系。

钢框架支撑体系是在纯钢框架的基础上，在柱间、梁柱间布置竖向支撑的框架体系。这种框架体系通过支撑、框架和刚性或弹性楼板共同来抵抗水平地震作用以及风荷载作用，其中，支撑产生轴向变形，承受绝大部分的水平力；框架梁、柱发生弯曲变形，几乎不承受水平力。钢框架支撑体系的框架与支撑的变形协调共同工作形成了双重抗侧力结构体系，即所谓的两道抗震设防，这种结构体系很大程度上提高了框架的强度、水平刚度、延性等抗震性能。而且在建筑结构构件中支撑属于次要构件，在大震中发生破坏时易更换。因此钢框架支撑体系被广泛应用于高层钢结构建筑中。钢框架支撑体系按支撑布置方式和耗能机理可分为三类：第一类是中心支撑框架（CBF）；第二类是偏心支撑框架（EBF）；第三类是隅撑支撑框架（KBF）。

中心支撑框架（CBF）是指支撑构件与横梁及柱相交，或两根支撑构件与横梁相交，或与柱相交，相交时没有偏心距。中心支撑又包括十字交叉（X形）支撑、单斜杆支撑、人字形支撑或K字形支撑，以及V形支撑等支撑形式，如图1-2所示。其中，工程常见的是十字交叉支撑（图1-2a）、人字形支撑（图1-2c）和单斜杆支撑（图1-2b）。K形支撑（图1-2d）由于对柱的依赖性较强，易对柱造成剪切破坏，导致建筑倒塌，故不常使用。

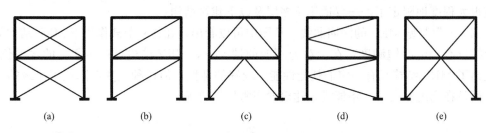

图 1-2　中心支撑框架体系

中心支撑框架体系构造比较简单，能够给框架提供较大的抗侧移能力、降低结构的横向位移以及能调整结构的内力分布。但在循环的地震作用下，当结构体系的受力状态进入弹塑性范围时，支撑处于压应力和拉应力循环交替的工作状态，支撑斜杆的受压能力显著下降。对结构产生的附加冲击性作用力会使支撑两端连接节点处出现超应力现象，对支撑造成严重破坏。支撑一旦失去作用或者支撑屈曲失稳，楼层的抗剪水平和结构的抗侧刚度急剧退化，层间位移异常变大，最终导致建筑物发生整体失稳破坏，或者建筑物倒塌。

典型的中心支撑框架体系的滞回曲线如图1-3所示，从图中可以看出，随着循环荷载的增加，支撑体系的滞回曲线出现捏缩现象，荷载继续增加，结构刚度开始退化。导致上述现象的主要原因是在循环荷载作用下支撑发生屈曲失稳，体现出中心支撑体系的抗震性能比较弱。

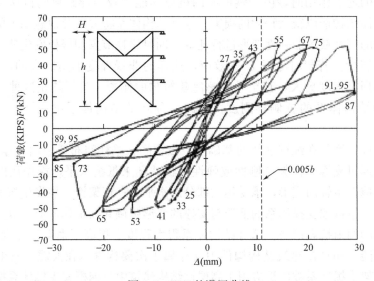

图 1-3　CBF 的滞回曲线

　　偏心支撑框架（EBF）是支撑的两端至少有一端偏离梁柱节点，连在梁上，使支撑与柱之间的梁上形成一段耗能梁段的框架结构体系，其常见的几种形式为单斜杆式、门架式、人字形、V 形，如图 1-4 所示。

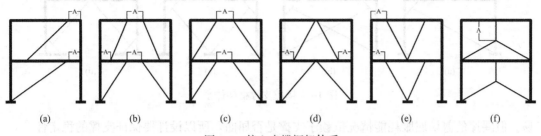

(a)　　　　　(b)　　　　　(c)　　　　　(d)　　　　　(e)　　　　　(f)

图 1-4　偏心支撑框架体系

注：A 为耗能梁段。

　　偏心支撑框架结合了前两者的优点，与纯框架相比，它每层增加支撑，提高了结构的强度以及抗侧移能力。与中心支撑框架相比，它在柱与支撑之间的梁上形成耗能梁段，在大震作用下，耗能梁段受剪切作用发生剪切变形，避免了支撑的屈曲失稳，提高了结构的延性。从图 1-5 典型的偏心支撑框架的滞回曲线，可以看出其滞回曲线相当饱满，滞回环稳定，与纯框架很相似，但水平位移却远小于相应的纯框架，体现出偏心支撑具有很大的抗侧移刚度以及良好的耗能能力。但它的耗能是通过框架梁剪切破坏而实现的，对结构楼层造成十分严重的破坏，并且震后需要大修或者更换，而且通常设计时需要不断调整框架梁的尺寸来使偏心支撑框架体系具有较好的耗能性能。

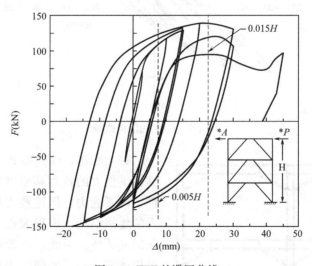

图 1-5　EBF 的滞回曲线

　　为了解决偏心支撑框架的框架梁发生塑性破坏来耗能的问题，Aristizabal Ochoa 等学者设计出了隔撑支撑框架（KBF），隔撑作为耗能构件，一端与柱连接，另一端与梁连接，支撑至少有一端与隔撑长度方向中点连接，如图 1-6 所示。隔撑支撑框架的耗能机制为：在罕遇地震作用下，隔撑首先承受由支撑传来的巨大剪力发生剪切屈服而发生非弹性变形来耗能，主体结构仍处于弹性阶段。隔撑是次要构件，在地震中破坏后修复起来比较容

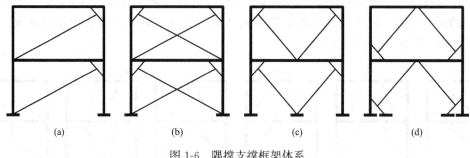

图 1-6　隅撑支撑框架体系

易。但隅撑的剪切屈服耗能情况依赖于支撑是否屈曲，所以设计要保证支撑的稳定性。

图 1-7 为典型的隅撑支撑框架的滞回曲线。从图中可以看出隅撑支撑框架的滞回曲线相当饱满，耗能能力良好，其滞回环的变化情况与偏心支撑有些相似，但耗能机制不一样，前者通过次要构件隅撑剪切破坏耗能，而后者通过梁端剪切破坏耗能，在维修时，前者更经济、方便。

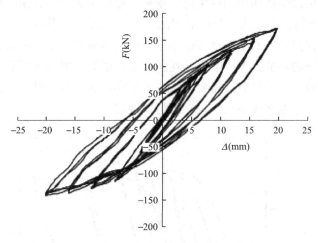

图 1-7　KBF 的滞回曲线

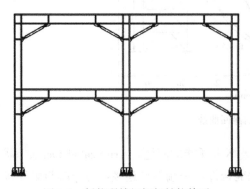

图 1-8　耗能隅撑钢框架结构体系

综上所述，柱间布置支撑的框架结构能够提供很大的抗侧移刚度以及提高体系的延性、耗能能力。但这些支撑的布置，占用很大的建筑空间，也很大程度地影响了结构空间的灵活性。为此，作者设计了一种新型的结构体系——耗能隅撑钢框架结构，它是基于钢框架结构基础，在梁柱节点域附近增加耗能隅撑形成的新型抗震结构体系，称为耗能隅撑钢框架抗震结构体系，如图 1-8 所示。耗能隅撑采用低屈服点的软钢作为芯材，外套防屈曲约束装置。

在这种结构体系中，耗能隅撑构件体量小，布置灵活，安装方便，不影响建筑布局，满足多种建筑功能的需求。同时，耗能隅撑的设置既解决了纯框架结构侧移刚度低的问题，又解决了框架支撑结构刚度不均匀及空间布置不灵活的问题，既能够提高结构的承载力和抗侧移刚度，又能在设防地震和罕遇地震作用下起到消能的作用，进而达到"刚柔并济"的抗震性能。同时由于耗能隅撑构件较小，方便在受损后进行人为更换。该结构形式将适用于多高层建筑、棚户区改造项目、抗震安居工程及工业园区建造等多种类型建筑，同时，该种结构施工速度快，建造方法符合我国提出的绿色、装配式结构建造目标。

1.2　耗能隅撑以及其钢框架在国内外的研究现状

1971 年，Yoshino 等人对内附钢板的剪力墙的滞回性能进行了两组试验研究，研究表明，当试件中钢板与混凝土之间存在空隙时，其耗能性能更好。

1976 年，Kimura 提出了屈曲约束支撑（BRB）的设计理念，并做了许多试验对其进行研究，为后续研究提供了参考。

1986 年，Aristizabal-Ochoa 为研究解决钢框架结构主体试件作为地震作用下耗能试件的缺点，在全面分析对角支撑的刚度和隅撑延性性能的基础上，通过在梁柱节点上增设隅撑，提出了隅撑支撑耗能钢框架的概念。通过设计不同尺寸的隅撑构件，使结构主体在小震作用下率先利用便于更换的隅撑进行屈服耗能，使结构保持弹性状态而不发生破坏，而在罕遇作用下梁柱框架主体可形成塑性铰进行耗能。

1990 年，Balendra 等人研究了新的 DKBF（防屈曲约束支撑）结构体系，通过将隅撑支撑的拉杆部分设计成压杆来避免屈曲失稳，这种结构体系称之为 KBF，依靠隅撑作为 KBF 的主要耗能试件，将弯曲型耗能隅撑结构体系转变为剪切型隅撑结构体系。

Higgins 等学者在 2004 年进行了较大尺寸的屈曲约束支撑低周往复循环加载试验。通过分析此试验结果发现，在钢管内填充无黏结材料，其耗能效果良好，支撑性能稳定，其中的无黏结材料能为结构提供一定的摩擦阻尼，可很好地降低水平荷载对结构的作用。

2005 年，李庆松等人最先提出隅撑支撑框架体系，这种体系在中震或大震作用下，隅撑最先进行屈服耗能，此时框架中的梁柱主体处于弹性阶段，保证了结构主体不被破坏。

Federico 等人在 2008 年结合工程实例并进行试验分析，验证了 BRB-混凝土框架的抗震性能，试验的支撑采用低屈服点的钢板，外套长方形的钢管作为约束，此次试验证明：同传统支撑相比，BRB 能增加建筑物整体延性，提高建筑物整体的抗震性能。

2009 年，Koertaka Y. 等人研制出四钢管屈曲约束支撑，其特点是外围约束单元是通过缀板连接而成的四个钢管，钢管和芯材中间留有一定的空隙。

2011 年，Di Sarno L. 等人进行了 2 层两跨足尺试验，采用了位移控制的循环侧向加载方式，分析得出：设置有 BRB 的普通支撑的结构延性增加 4 倍，其等效阻尼比提高了 50%。

薛彦涛等在 2013 年为探索 BRB 在混凝土中的耗能性能，进行了 3 层两跨的 BRB-钢筋混凝土结构体系的试验，结果表明：BRB 的延性系数达到 12.25 以上时，具有良好的耗能性能，同时发现屈曲约束支撑在该结构体系中可以发挥与剪力墙同样的耗能作用。

Piendrafita D. 等人于 2014 年提出一种新型约束屈曲支撑——预制装配式约束屈曲支撑（PCBRB），该结构的重点研究内容为在核心位置处进行开孔削弱，同时对两种核心开孔的屈曲约束支撑模型在 3 种不同低周往复循环加载制度下进行拟静力试验。

　　2015 年，Hsu H.-L. 对隅撑钢框架进行了低周往复拟静力试验，结果表明：框架结构中布置隅撑支撑能够明显提高结构的强度和刚度，同时使该结构具有良好的变形能力和耗能能力，改变了传统钢框架的性能，但是对钢框架隅撑连接处并未进行详细的受力分析，也没有对该框架体系的失效模式进行分析。

　　2017 年，孙章腾等研究了传统隅撑支撑的半刚性框架的抗震性能，采用 SAP2000 对隅撑支撑的半刚性框架进行模拟研究，得到了半刚性隅撑框架良好的抗震性能，同时也对比了罕遇地震下结构的层间位移和层间位移角，得到了较为合理的隅撑布置形式。

　　沈阳建筑大学贡天波在 2017 年结合工程实例，并通过运用大型通用有限元软件 ABAQUS 对 2 层两跨钢框架布设隅撑，研究其在不同参数下的耗能能力，并探究最佳布设方式，从而给出隅撑布设角度、隅撑布设偏心距及隅撑截面刚度耗能效果良好的范围。并对最佳布设方式下的 3 种不同地震波进行动力时程分析，研究耗能隅撑钢框架的布设对框架自振频率与等效阻尼比的影响，研究结果表明隅撑的布设可以很好地增加框架的延性并减小结构的地震反应。

　　沈阳建筑大学王小钊在 2017 年通过对 4 种纯框架结构的数值模型和不同布设方式下耗能隅撑钢框架在低周往复加载和单向静力加载的工况运用有限元进行分析，并在 ABAQUS 中运用 Taft 等 3 种地震波对其进行多遇、罕遇地震下的弹塑性动力时程分析，提出在相同的隅撑布设和用钢量下，采用交错布置的方案可以使结构获得更好的减震效果。

　　综上所述，通过理论计算、有限元研究以及一定量的试验研究，学者对隅撑支撑结构提出了相关设计方法，分析出结构中的耗能隅撑在满足一定参数条件下具有良好的耗能能力。参照国内外学者的研究与理论分析，可以为耗能隅撑钢框架减震结构体系的研究进行有效的对比，同时为耗能隅撑钢框架中耗能隅撑的设计研究提供有效的参考。

　　2018 年，李振兴分别对刚接和铰接耗能新型隅撑钢框架进行了拟静力试验研究，通过分析其滞回性能、骨架曲线和刚度退化等问题，得到了在地震作用下新型隅撑合理的布置形式。

　　2019 年，张少坤通过设置不同的隅撑截面尺寸，研究耗能隅撑刚接节点和耗能隅撑铰接节点的承载能力和耗能能力，通过 ABAQUS 和拟静力试验相结合的方式，得到了刚接节点和铰接节点合理的隅撑截面尺寸。

　　2020 年，吴志平等设计了一种钢棒式防屈曲支撑，结果表明，试验得到的钢棒式防屈曲支撑（SBBRB）受压极限承载力是钢棒受压临界荷载计算值的 10 倍左右；合理设计的 SBBRB 钢棒屈服段在受拉和受压状态下均能充分屈服而不会发生支撑构件的屈曲破坏，具有较好的延性以及稳定的累积滞回耗能特性。

第 2 章 耗能隅撑节点钢框架 抗震性能试验研究

2.1 耗能隅撑节点设计与有限元分析

为了分析布置耗能隅撑的钢框架节点耗能性能和破坏机理，本章选取耗能隅撑刚接节点（EDKBF1）、耗能隅撑铰接节点（EDKBF2）以及不布置耗能隅撑的梁柱刚接节点（EDKBF3）进行有限元模拟，对耗能隅撑布置提出理论计算依据，采用 ABAQUS 有限元软件对 3 种节点试件在低周往复荷载作用下的破坏过程进行非线性计算与分析。结果表明，耗能隅撑先于梁柱屈服，耗能隅撑的布置使得钢框架节点具有良好的耗能能力。

2.1.1 ABAQUS 软件简介

有限元法（Finite Element Analysis，FEA）的基本思想为将复杂的问题简单化，通过运用较简单的问题逐一替换复杂问题之后再进行求解，ABAQUS、ETABS、MIDAS、SAP2000 和 ANASYS 等是目前应用较为广泛的有限元软件，本书所涉及材料均为钢结构材料，此类材料性能单一，可以在有限元分析中得出相对准确的结果，因此运用有限元软件进行钢结构在不同工况下的模拟地震作用可以与实际情况较为吻合，有限元分析已经成为现代科学研究中一种行之有效的重要手段，能够获得可观的效果。

高效、常用的有限元法是以变分原理为基础逐渐发展起来的，其工作的基本原理为：将需要处理的求解域离散成有限个互相不会重叠的单元集，在离散的单元内重点选择较为合适的几个节点作为求解问题函数的差值点；之后通过改写微分方程的变量，使其导数或者各变量的差值与节点值构成线性的表达式；最后实现微分方程的离散求解，从而将实际工程中的复杂问题简单化，达到化繁为简的目的，对实际问题进行求解。

ABAQUS 软件的分析过程可分为前处理、分析和后处理 3 个阶段。前处理即为 ABAQUS/CAE，是 ABAQUS 的交互环境，主要对实际工程或者问题进行建模。其中，包括 Part&Sketch 模块（主要是对部件进行几何形状建模），能够建立十分复杂的规则和非规则的几何模型，同时也可以导入外部数据模型如 CAD、REVIT 模型等，可以解决实际问题的几何非线性的问题；Property 模块对模型的材料属性进行定义，能够模拟复杂的材料力学行为，使材料的力学特征更接近真实情况，同时 ABAQUS 提供了材料属性定义的子程序 UMAT 的接口，可以模拟更多的材料行为，以解决实际问题的材料非线性的问题；Assembly 模块是对部件进行组装，使各部件装配在一起形成整体；Step 模块是对分析过程的加载过程以及输出数据进行合理设置；Interaction 模块是用于定义组装部件之间的相互作用、约束和连接器，可以定义十分复杂的接触属性，解决工程上接触非线性问题；Load 模块是用于定义荷载工况、边界条件等，通过幅值（Amplitude）可以定义荷载工况、边界条件随时间/频率变化的规律，可以用来模拟地震作用，如框架的拟静力试验、拟动力试验等；Mesh 模块是对部件模型的网格划分即单元划分。ABAQUS 有十分丰富的单元库，分别适用不同复杂工况。

ABAQUS 分析包括隐式算法（ABAQUS/Standard）和显式算法（ABAQUS/Explicit）。前者主要用于求解静力学、动力学热电响应等领域的问题。后者用于求解瞬时、短暂的动力学问题如冲击试验、爆炸试验等，对接触条件变化的高度非线性问题求解也相当精确。我们可以利用 Job 模块将建立的模型提交到 ABAQUS/Standard 或 ABAQUS/Explicit 进行分析。ABAQUS 的后处理主要是使用 Visualization 模块用来显示计算分析结果的各种应力、应变云图、X-Y 图表和动画等，以及相应的文本形式的数据。可以看出，ABAQUS 能够分析复杂的固体力学系统、结构力学系统，尤其在解决工程中高度复杂的非线性问题时，与其他有限元软件相比，体现出非常优秀的分析能力。

2.1.2 试件的设计与验算

2.1.2.1 试件的尺寸设计

耗能隔撑芯材结构设计：耗能隔撑采用低屈服点的 Q235B 钢材作为芯材，参考国内外一些屈曲约束支撑设计方法，为防止芯材平面外失稳和解决隔撑支撑受压屈曲以及滞回性能差的问题，在耗能隔撑外部设置槽钢约束，槽钢用钢板连接，约束耗能隔撑的受压屈曲，同时为便于其与梁柱节点连接和避免应力集中，耗能隔撑两端采用 1∶2.5 端部放大，耗能隔撑实物如图 2-1 所示。

图 2-1 耗能隔撑

不同于普通钢支撑，布置耗能隔撑试件的节点设计，需要准确把握耗能隔撑试件进入屈服的时间，这对发挥耗能隔撑试件的耗能能力有着很重要的影响。为了实现深化设计中整体轴线刚度与钢框架结构体系中的轴线刚度一致原则，需要对布设耗能隔撑钢框架节点进行耗能隔撑芯材和耗能隔撑两端与梁柱连接处的刚度计算，也称此计算方法为"串联"运算：耗能隔撑试件芯材部分刚度＋梁与耗能隔撑连接处刚度＋柱与耗能隔撑连接处刚度（近似处理为刚接）。

耗能隔撑节点的串联刚度（耗能隔撑试件芯材部分刚度＋梁与耗能隔撑连接处刚度＋柱与耗能隔撑连接处刚度）＝耗能隔撑在钢框架梁柱节点模型中的等效刚度 $L_0 = L_1 + L_2 + L_e$（图 2-2），L_1 段耗能隔撑与钢框架试件柱连接处轴向刚度设为 k_1，L_2 段耗能隔撑与钢框架试件梁连接处轴向刚度设为 k_2，耗能隔撑试件芯材段轴向刚度设为 k_e，在耗能隔撑钢框架试件节点计算模型中隔撑轴向线刚度设为 k_0，依据上述刚度串联准则，则有以下公式：

$$\frac{1}{k_0} = \frac{1}{k_1} + \frac{1}{k_2} + \frac{1}{k_e} \tag{2-1}$$

L_1 段耗能隔撑与钢框架试件柱的刚度可以划分为两部分进行计算，L_{11} 段钢框架柱的轴向刚度 k_{11} 和耗能隔撑及连接板 L_{12} 段的轴向刚度 k_{12}，如图 2-3 所示。

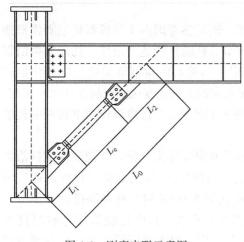

图 2-2　刚度串联示意图

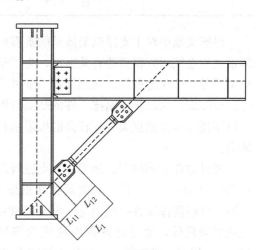

图 2-3　L_1 段放大示意图

同理 L_2 段耗能隔撑与钢框架试件梁连接处的刚度同样也可以划分为 k_{21} 和 k_{22}。对于大多数情况而言，通常可以认为耗能隔撑与钢框架试件梁柱节点连接处的刚度为无限大，即 L_{11} 区域的刚度为无限大，则有 $k_{11} = \infty$，因此 $k_1 = k_{12}$，$k_2 = k_{22}$，因而式（2-1）变为：

$$\frac{1}{k_0} = \frac{1}{k_{12}} + \frac{1}{k_{22}} + \frac{1}{k_e} = \frac{1}{k_j} + \frac{1}{k_e} \tag{2-2}$$

因此，耗能隔撑支撑的线刚度 k_e 可以通过下式计算得到：

$$\frac{1}{k_e} = \frac{1}{\dfrac{1}{k_0} - \dfrac{1}{k_{12}} - \dfrac{1}{k_{22}}} = \frac{1}{\dfrac{1}{k_0} - \dfrac{1}{k_j}} \tag{2-3}$$

本书中耗能隔撑钢框架节点试件中的梁柱截面尺寸均选自沈阳某多层钢框架结构试件进行耗能隔撑钢框架节点设计，在该实际钢框架结构梁柱节点的基础上布置耗能隔撑试件。3 种形式的节点分别为：梁柱刚接耗能隔撑节点 EDKBF1、梁柱铰接耗能隔撑节点 EDKBF2 和梁柱刚接节点 EDKBF3，3 种耗能隔撑节点尺寸见表 2-1。梁柱刚接耗能隔撑节点 EDKBF1 为在梁柱刚接节点的基础上布置耗能隔撑，梁柱铰接耗能隔撑节点 EDK-BF2 将梁柱刚接耗能隔撑节点 EDKBF1 梁柱刚性连接方式改为铰接连接。3 种钢框架节点梁柱部分均采用 Q345B 钢材，钢框架节点梁、柱截面形状均为焊接工字形截面。EDKBF1

和 EDKBF3 钢框架节点梁柱采用栓焊混合刚性连接，EDKBF2 钢框架节点梁柱采用螺栓铰接连接。耗能隅撑试件与钢框架梁柱节点采用高强度螺栓铰接连接。

节点试件一览表（单位：mm）　　　　　表 2-1

名称	构件名称	构件尺寸	构件长度
EDKBF1	梁	350×172×7×12	1800
	柱	296×296×16×16	2320
EDKBF2	梁	350×172×7×12	1800
	柱	296×296×16×16	2320
EDKBF3	梁	350×172×7×12	1800
	柱	296×296×16×16	2320

根据文献中对于支撑框架体系的抗震构造要求，同时参考国内外学者对耗能隅撑框架体系进行系统研究得到的有关结论，为了使钢框架节点耗能性能达到最佳，耗能隅撑沿钢框架梁柱 45°方向布设、耗能隅撑在钢框架节点梁上的偏心距与钢框架梁长度的比值在 0.30～0.38，同时耗能隅撑试件的截面与钢框架节点梁截面的刚度比值控制在 0.02～0.06，可以使耗能隅撑钢框架具有较高的极限承载力、强度和刚度以及在地震作用下良好的耗能能力。

通过对耗能隅撑钢框架梁柱节点进行理论计算及有限元模拟分析，耗能隅撑试件沿钢框架梁柱节点 45°布设、耗能隅撑在钢框架节点梁上的偏心距与钢框架梁长度的比值为 0.38、耗能隅撑试件的截面与钢框架梁截面的刚度比值为 0.06 时，耗能隅撑钢框架节点耗能效果最佳，通过计算得出耗能隅撑尺寸如图 2-4 所示，其中耗能隅撑芯材厚度为 10mm。根据文献中关于钢框架梁柱节点设计的相关规定，对本书所设计的 3 种耗能隅撑钢框架节点进行理论验算，其中包括：强柱弱梁验算、节点域验算、栓焊混合连接验算。3 种耗能隅撑钢框架节点详细构造如图 2-5 所示。

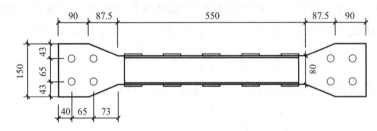

图 2-4　耗能隅撑尺寸示意图（单位：mm）

2.1.2.2 强柱弱梁验算

根据上述节点设计对于钢柱取 H296×296×16×16（单位：mm），截面面积为 120.4cm²，弹性截面模量为 1421.5cm³，塑性截面模量为 1604.9cm³，对于钢梁取 H350×172×7×12，截面面积为 64.1cm²，弹性截面模量为 111.2cm³，塑性截面模量为 1227.2cm³。根据强柱弱梁验算公式：

$$\sum W_{pc}(f_{yc} - N/A_c) \geqslant \eta \sum W_{pb} f_{yb} \qquad (2-4)$$

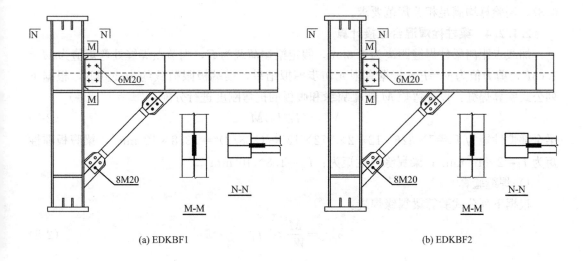

(a) EDKBF1　　　　　　　　　　　　　　　(b) EDKBF2

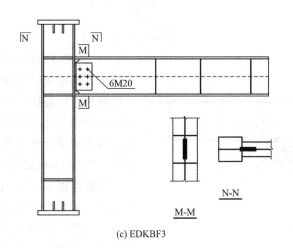

(c) EDKBF3

图 2-5　3 种节点构造图

式中　W_{pc}、W_{pb}——分别为柱和梁的塑性截面模量；

　　　f_{yc}、f_{yb}——分别为柱和梁钢材的屈服强度；

　　　N——柱轴力；

　　　η——强柱系数。

拟采用轴压比为 0.2，则 $N = 0.2Af_y = 0.2 \times 12040 \times 345 = 830\text{kN}$，强柱系数一级取 1.15，通过上述公式计算可以得出本文所设计耗能隔撑钢框架节点模型满足强柱弱梁要求。

2.1.2.3　节点域验算

对于工字形截面柱，节点域的体积为 $V_p = h_{bl} h_{cl} t_w$，其中 h_{bl} 为梁翼缘厚度中点间的距离，h_{cl} 为柱翼缘厚度中点间的距离。节点域应满足以下要求：

$$t_w \geqslant (h_b + h_c)/90 \tag{2-5}$$

$$(M_{bl} + M_{b2})/V_p \leqslant (4/3)f_v/\gamma_{RE} \tag{2-6}$$

本文中 $t_w = 16\text{mm}$，$h_b = 338\text{mm}$，$h_c = 280\text{mm}$，$\gamma_{RE} = 0.85$，$t_w = 16 \geqslant (h_b + h_c)/90 =$

6.87，经验算均满足相关规范要求。

2.1.2.4 梁柱栓焊混合连接计算

加载点距离梁柱焊缝距离为 1.65m，假定梁端荷载为 F，则节点焊缝处弯矩值为 $M=1.65F$，剪力值为 $V=F$，根据有限元初步模拟结果，梁端极限荷载约为 200kN，根据下列公式验算焊缝：设计弯矩 M 按梁翼缘和腹板的抗弯刚度进行分配：

$$M_f=(I_f/I_0)M \tag{2-7}$$

梁全部惯性矩为 $I_0=7\times326^3/12+2\times172\times12\times(338/2)^2=13.8\times10^7\,mm^4$，梁腹板惯性矩为 $I_f=2\times10^7\,mm^4$；梁翼缘惯性矩为：$I_w=1.8\times10^7\,mm^4$。

1）焊缝验算

根据下列公式验算梁翼缘焊缝：

$$\sigma_{max}=\frac{M}{W_w}\leqslant f_t^w \tag{2-8}$$

$$\tau_{max}=\frac{VS_w}{I_w t}\leqslant f_v^w \tag{2-9}$$

$$\sqrt{\sigma+3\tau^2}\leqslant1.1f_t^w \tag{2-10}$$

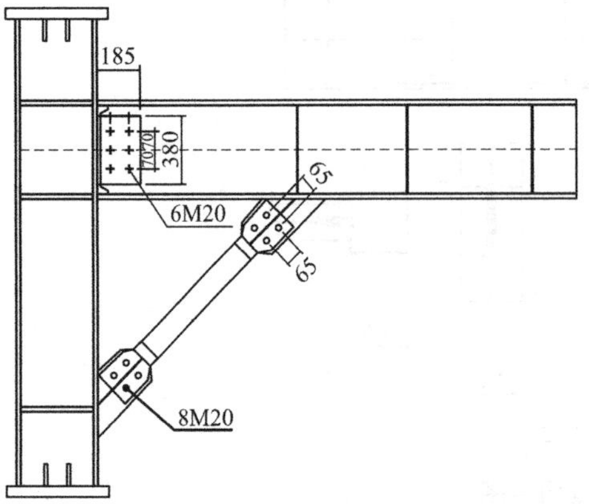

2）高强度螺栓验算

本模型中梁柱采用 10.9 级 M20 摩擦型高强度螺栓进行连接，耗能隔撑试件与梁柱采用 8.8 级 M20 摩擦型高强度螺栓进行连接，试件接触面为清除浮锈干净轧制表面。高强度螺栓数量、螺栓排列如图 2-6 所示，端板信息如下：端板厚度 $t=6mm$，宽度 $b=240mm$，端板平放，采用 Q345B 钢材。

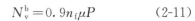

图 2-6 节点螺栓排列

高强度螺栓群承载力验算如下：

其中高强度螺栓抗剪承载力设计值：

$$N_v^b=0.9n_f\mu P \tag{2-11}$$

在剪力作用下，每个螺栓受力为：

$$V_{ly}=V/n \tag{2-12}$$

以螺栓群形心为原点，受力最大螺栓承载力验算如下：

$$T_{lx}=\frac{M_f y_1}{\sum x_i^2+\sum y_i^2} \tag{2-13}$$

$$T_{ly}=\frac{M_f x_1}{\sum x_i^2+\sum y_i^2} \tag{2-14}$$

$$\sqrt{(V_{ly}+T_{ly})^2+T_{lx}^2}\leqslant N_v^b \tag{2-15}$$

验算腹板拼接板的强度，拼接板受弯矩作用产生的最大正应力为：

$$\sigma_{max}=\frac{M_f y_1}{I_{nw}}\leqslant f \tag{2-16}$$

腹板拼接板的最大剪应力为：

$$\tau_{max} = \frac{V^2}{S_{nw}} \leqslant f_v \tag{2-17}$$

梁腹板净截面强度验算需满足要求，按承压型连接计算：

$$N_v^b = n_v \frac{\pi d^2}{4} f_v^b \tag{2-18}$$

$$N_c^b = d \sum t f_c^b \tag{2-19}$$

同时需要满足：

$$N_v \leqslant \min\{N_v^b, N_c^b, 1.3[N_v^b]\} \tag{2-20}$$

式中　N_v^b——摩擦型高强度螺栓抗剪承载力设计值；

$\qquad N_c^b$——摩擦型高强度螺栓抗压承载力设计值；

$\qquad P$——摩擦型高强度螺栓预紧力；

$\qquad n_f$——摩擦型高强度螺栓传力的摩擦面数目；

$\qquad \mu$——摩擦面的抗滑移系数；

$\qquad n$——连接螺栓个数；

$\qquad M_f$——梁翼缘分配所得弯矩；

$\qquad T_{lx}$——最危险螺栓 x 方向分力；

$\qquad T_{ly}$——最危险螺栓 y 方向分力；

$\qquad f$——钢材屈服强度设计值，取 345MPa；

$\qquad f_v$——钢材抗剪强度设计值，取 310MPa；

$\qquad n_v$——每个螺栓剪切面个数；

$\qquad d$——螺栓杆公称直径；

$\qquad f_v^b$——螺栓抗剪强度设计值，取 310MPa；

$\qquad f_c^b$——螺栓承压强度计算值，取 590MPa；

$\sum t$——在同一方向的承压试件的较小总厚度。

耗能隔撑螺栓连接计算采用同样计算方法，经验算均满足要求。

2.1.3　有限元模型的建立

2.1.3.1　耗能隔撑钢框架节点模型的建立

1. 节点试件主体有限元建模

本节选取上节设计的 3 种耗能隔撑钢框架节点建立有限元模型，各试件具体构造及有限元模型如图 2-7 和图 2-8 所示。

在本书中耗能隔撑钢框架节点的耗能隔撑试件芯材选用屈服点较低的 Q235B 钢材、耗能隔撑试件其余部位及梁柱钢材均选用 Q345B 钢材，模型尺寸与上述所设计耗能隔撑钢框架节点构造尺寸保持一致。

EDKBF1 和 EDKBF3 梁柱部分连接方式为：梁翼缘与柱翼缘采用 E50 焊条连接、梁腹板与柱翼缘采用 10.9 级高强度螺栓连接；EDKBF2 梁柱部分连接方式为：梁腹板与柱翼缘采用 10.9 级高强度螺栓连接，梁翼缘与柱翼缘不进行连接并具有足够变形间隙以保证梁柱铰接连接；EDKBF1 和 EDKBF2 耗能隔撑试件梁端与梁柱均采用 8.8 级高强度螺

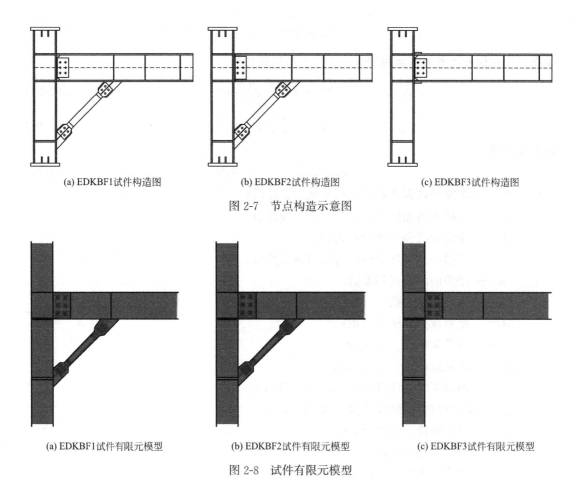

(a) EDKBF1试件构造图   (b) EDKBF2试件构造图   (c) EDKBF3试件构造图

图 2-7　节点构造示意图

(a) EDKBF1试件有限元模型   (b) EDKBF2试件有限元模型   (c) EDKBF3试件有限元模型

图 2-8　试件有限元模型

栓连接。

为提高计算精度，耗能隅撑钢框架节点各试件有限元单元网格划分采用线性六面体 C3D8R 减缩积分单元。并且 C3D8R 减缩积分单元对单元扭曲不明显，可以真实有效地模拟实际情况下的拟静力试验，并得出理想的结果。

2. 高强度螺栓有限元建模

本书所涉及高强度螺栓的性能等级包含梁腹板部位 10.9 级螺栓以及耗能隅撑试件端部 8.8 级螺栓，高强度螺栓有限元模型如图 2-9 所示，两种高强度螺栓公称直径均为 M20。在 ABAQUS 中为模拟实际工程高强度螺栓的作用，利用 Bolt Load 对其进行预紧力模拟，此过程分为 3 个步骤进行：

(1) 单独设置一个分析步，在此分析步内在高强度螺栓表明施加较小的力以保证高强度螺栓可以在模拟中实现连接作用，为后续分析做好基础；

(2) 在上述分析步后面再建立一个分析步，在此分析步内将高强度螺栓预紧力施加在螺杆的内部横截面上，本书高强度螺栓预紧力在相应规范中有规定数值，施加预紧力模型如图 2-10 所示；

(3) 在后续分析步中全部高强度螺栓的螺杆长度保持恒定不变，直至加载过程全部结束。

图 2-9　螺栓模型图　　　　　　　图 2-10　施加预紧力

2.1.3.2　钢材本构模型的选取

将所用的钢材在沈阳建筑大学力学试验室进行拉伸试验，从而得到钢材材性本构关系，通过拉伸试验可以得到钢材名义应力-应变曲线，在有限元分析中定义钢材的塑性性能时要求采用钢材的真实应力以及真实塑性应变，可以利用下列公式将本书中耗能隔撑芯材所用 Q235B 钢材和其余部位采用的 Q345B 钢材名义应力应变转换为真实应力应变（图 2-11 和图 2-12）。

$$\varepsilon = \ln(1 + \varepsilon_{nom}) \tag{2-21}$$

$$\sigma = \sigma_{nom}(1 + \varepsilon_{nom}) \tag{2-22}$$

$$\varepsilon^{pl} = \varepsilon - \varepsilon^{el} = \varepsilon - \sigma/E \tag{2-23}$$

式中　ε、ε_{nom}——分别为本模型钢材真实应变和名义应变；

　　　σ、σ_{nom}——分别为本模型钢材真实应力和名义应力；

　　　ε^{pl}、ε^{el}——分别为本模型钢材真实塑性应变和真实弹性应变；

　　　E——钢材弹性模量。

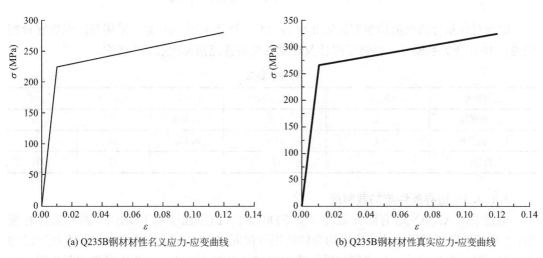

(a) Q235B 钢材材性名义应力-应变曲线　　　　(b) Q235B 钢材材性真实应力-应变曲线

图 2-11　Q235B 钢材应力-应变曲线

本书中的高强度螺栓的应力-应变关系所采用的模型为只考虑强化阶段的三折线模型，如图 2-13 所示。

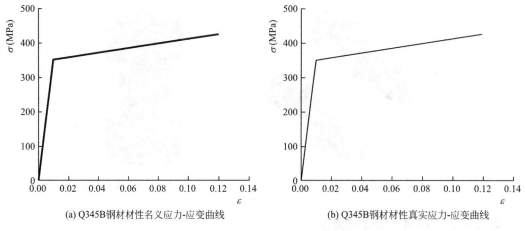

(a) Q345B钢材材性名义应力-应变曲线   (b) Q345B钢材材性真实应力-应变曲线

图 2-12 Q345B 钢材应力-应变曲线

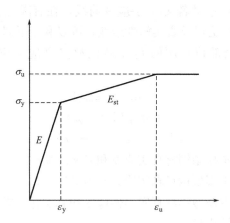

图 2-13 高强度螺栓及焊缝应力-应变模型

螺栓材性指标的取值均参照国家相应的标准。焊条采用 E50 型，采用与高强度螺栓相同的应力-应变关系模型。高强度螺栓及焊缝的材料性能指标按表 2-2 选取。

材性参数表   表 2-2

材料强度	$\sigma_y(N/mm^2)$	$\sigma_u(N/mm^2)$	$\varepsilon_y(\%)$	$\varepsilon_u(\%)$	E_{st}/E
8.8 级螺栓	743	929	0.366	2	0.05
10.9 级螺栓	940	1130	0.456	10	0.05
焊缝	330	470	0.15	12	0.05

2.1.3.3 边界条件与加载制度

通过采用 ABAQUS 有限元软件建立 EDKBF1、EDKBF2 和 EDKBF3 的三维计算模型，3 种耗能隅撑钢框架节点边界均为柱两端铰接固定，在有限元模拟中将节点柱两端约束并保证柱不发生移动，只进行与梁加载方向相同方向的转动，以此来模拟实际工况下柱两端的铰接固定。耗能隅撑钢框架节点柱截面依据轴压比计算出模型柱端竖向加载的设计值，在初始分析步中将计算竖向荷载加至模型柱上端，并在后续分析步中保持此数值恒定不变。在梁端施加竖向往复荷载，耗能隅撑节点结构模拟加载点位于梁端距柱翼缘 1650mm

处。根据耗能隔撑钢框架节点在低周往复循环荷载下的受力性能，以及收敛性的影响，单独设置 2 次分析步模拟实际低周往复荷载拟静力试验中钢框架节点试件弹性阶段荷载控制和试件发生屈服之后的位移控制。力加载阶段分 3～4 次单循环，将荷载加至耗能隔撑试件发生屈服，通过获得试件各部位在模拟中的实时应力及荷载位移曲线的明显拐点来综合确定各节点的屈服位移。在试件屈服后采用位移控制，每级位移均循环 2 次，直至试件破坏（图 2-14）。

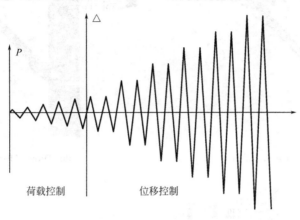

图 2-14 加载制度

2.1.4 节点有限元分析

2.1.4.1 节点有限元应力云图

EDKBF1 和 EDKBF2 耗能隔撑芯材屈服及 EDKBF3 梁柱试件主体发生屈服时的 Mises 应力云图如图 2-15 所示。通过有限元软件分析，对于 EDKBF1 试件，随着荷载的逐渐增加，耗能隔撑芯材部位应力最大。当梁端竖向荷载加至 124.9kN 时，耗能隔撑与梁柱连接端部应力达到 260MPa，此时耗能隔撑试件芯材部分屈服。监测芯材其他部位应力，发现耗能隔撑芯材从两端向中心逐渐屈服，最后耗能隔撑芯材部位全部屈服，梁端位移达到 5.7mm，此时耗能隔撑端部、耗能隔撑与梁柱连接部位以及梁柱主体结构各部位均未进入屈服。分析此时耗能隔撑应力和梁与柱连接处应力，耗能隔撑最大应力为 261MPa，梁与柱连接处最大应力为 296.8MPa。此时梁与柱连接处的最大应力达到其屈服应变的 53%，表明耗能隔撑试件率先屈服，而梁柱主体试件并未屈服，此现象符合耗能隔撑钢框架结构耗能设计要求。在耗能隔撑芯材达到屈服之后，采用芯材屈服位移的整数倍控制加载，EDKBF1 试件取耗能隔撑芯材屈服位移为 5.7mm，并以此位移整数倍进行加载，每级位移循环 2 次，加载至 9 倍屈服位移时（拉方向）耗能隔撑试件与梁柱连接部位处芯材两端部均发生破坏。

对于 EDKBF2 试件，随着荷载的逐渐增加，耗能隔撑芯材部位应力最大。当梁端竖向荷载加至 65.82kN 时，耗能隔撑芯材首先进入屈服状态，进而沿着耗能隔撑 45°布设方向从两端向芯材内部延伸，最终整个耗能隔撑芯材屈服，梁端位移达到 5.93mm。此时耗能隔撑端部、耗能隔撑与梁柱部位以及梁柱主体结构各部位均未屈服。分析此时耗能隔撑应力和梁与柱连接处应力，耗能隔撑芯材与梁连接处最大应力为 273MPa，梁与柱部分最

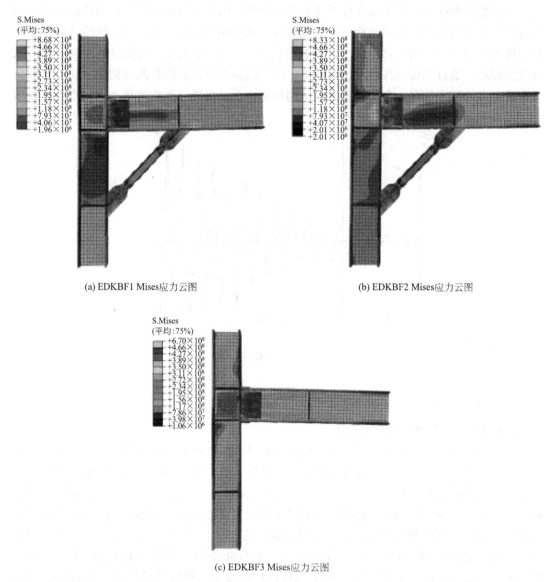

(a) EDKBF1 Mises应力云图　　　　　　　　　(b) EDKBF2 Mises应力云图

(c) EDKBF3 Mises应力云图

图 2-15　3 种节点的 Mises 应力云图

大应力为 201MPa，此时梁与柱连接处的最大应力达到其屈服应变的 36%，梁柱主体远未达到其屈服应力，耗能隔撑试件起到承载梁端荷载并进行耗能的作用。此有限元模拟现象表明 EDKBF2 试件满足利用耗能隔撑试件屈服耗能，并保护钢框架梁柱主体部分不发生破坏的设计要求。当 EDKBF2 耗能隔撑试件芯材部分屈服之后，以芯材屈服位移控制加载，取 EDKBF2 芯材屈服位移为 5.9mm，以此屈服位移整数倍进行加载，每级循环 2 次，加载至 10 倍屈服位移时（拉方向）耗能隔撑与钢框架梁柱连接处芯材两端部均发生破坏。

对于 EDKBF3 试件，并没有布置耗能隔撑试件。在弹性加载阶段，随着荷载的逐级增加，观测 EDKBF3 试件各部位应力，发现其节点域应力最大，随后应力向梁端扩展。当竖向荷载增加至 117.87kN 时，梁柱连接处梁根部应变达到 $1900\mu\varepsilon$，表明梁柱屈服，此时梁端位移达到 12.32mm。钢框架梁柱达到屈服之后，以梁柱试件屈服位移控制加载，取梁柱屈服位移为 12mm，考虑 EDKBF3 试件不布置耗能隔撑，因此具有较大屈服位移，EDKBF3 试件取 1/2 的梁柱屈服位移进行位移控制加载，每级循环 2 次，加载至 10.5 倍屈服位移时（拉方向）梁柱连接处梁上端盖板发生破坏。

2.1.4.2　滞回性能比较

通过有限元软件计算可以得出 3 种节点试件的滞回曲线（图 2-16）和骨架曲线（图 2-17），对比分析 EDKBF1、EDKBF2 和 EDKBF3 的应力云图、滞回曲线及骨架曲线可以得出如下几个规律：

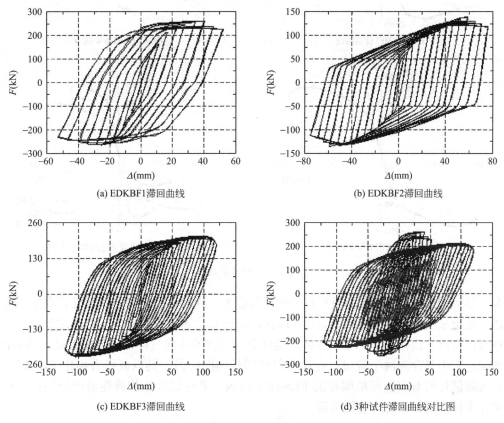

图 2-16　滞回曲线

（1）在钢框架节点结构中布置耗能隔撑能够很好地提高钢框架节点的耗能能力。对于 EDKBF1，从应力云图以及有限元低周往复循环加载的滞回曲线中可以看出，EDKBF1 试件在循环加载下存在明显的两阶段屈服：耗能隔撑芯材屈服阶段，此时钢框架梁柱主体结构处于弹性阶段；耗能隔撑芯材屈服后钢框架梁柱节点主体结构屈服阶段。从 EDKBF1 的滞回曲线可以看出梁柱主体结构进入屈服状态的时间比较靠后，耗能隔撑芯材屈服阶段在整个 EDKBF1 的滞回曲线中所占比例较大，并且滞回曲线相对 EDKBF3 试件更加饱满，耗能隔撑的布设能使结构在地震作用下耗散较大能量，从而达到保护梁柱主体结构的作用。对于 EDKBF2，从应力云图以及有限元循环加载的骨架曲线中可以看出，由于试件本身的构造形式，其承载能力与 EDKBF1 相比较低，滞回曲线较饱满，耗能隔撑芯材屈服阶段在整个 EDKBF2 的滞回曲线同样占据较大的比例，耗能隔撑的布置不仅能使梁柱铰

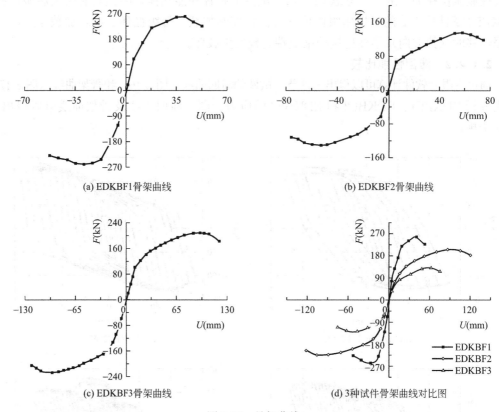

图 2-17 骨架曲线

接节点形成刚性域，同样使其具有良好的耗能能力，同时保护梁柱主体试件，在实际施工中能满足更加便捷的连接方式。对于 EDKBF3，从应力云图以及有限元循环加载的骨架曲线中可以看出，EDKBF3 的梁柱主体直接屈服，其骨架曲线只存在一个屈服点，EDKBF3 在加载过程中只存在两个阶段：弹性阶段和梁柱屈服阶段，其承载能力相比 EDKBF1 较低，其滞回环没有布置耗能隔撑的 EDKBF1 饱满。梁柱试件主体弹性阶段较短，一旦屈服梁柱主体结构很快进入塑性阶段。

（2）从图 2-18 中可以看到，EDKBF2 的刚度降幅最大，EDKBF1 次之，EDKBF3 下降幅度最小。通过对比分析 3 种节点刚度退化曲线可以得出：在经过多次低周往复循环加载作用后，钢框架节点在布置耗能隔撑后仍具有良好的抗侧刚度，其中耗能隔撑发生破坏时 EDKBF1 试件刚度约为初始刚度的 62.7%，EDKBF2 试件刚度约为初始刚度的 47.4%，说明在钢框架结构布置耗能隔撑后能够满足我国现行规范的抗震要求。

2.1.4.3 承载能力分析

在钢框架结构中布设耗能隔撑，钢框架梁柱节点的连接方式对其节点的塑性极限承载力都有一定的影响。从图 2-12 可以看出，从 EDKBF1、EDKBF2 到 EDKBF3，无论是弹性还是塑性刚度都在不断增强，EDKBF1、EDKBF2 和 EDKBF3 的极限承载力如表 2-3 所示。EDKBF3 梁柱采用栓焊混合刚性连接方式，EDKBF1 在 EDKBF3 的基础上布置耗能隔撑，因此 EDKBF1 刚度较 EDKBF3 有所提高，EDKBF2 在 EDKBF1 的基础上将栓焊混合刚性连接改为螺栓铰接连接，因此 EDKBF2 的刚度较 EDKBF1 较低。通过有限元分析

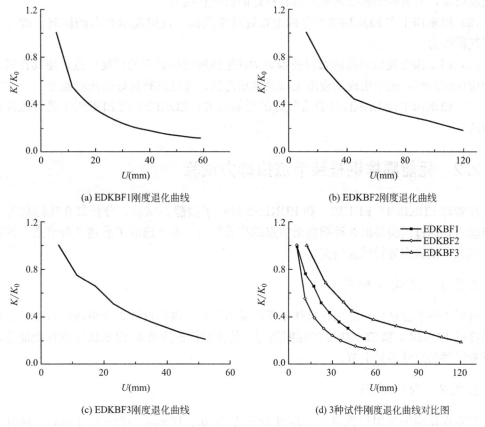

(a) EDKBF1刚度退化曲线　　　　　　　(b) EDKBF2刚度退化曲线

(c) EDKBF3刚度退化曲线　　　　　　(d) 3种试件刚度退化曲线对比图

图 2-18　刚度退化曲线

发现，3 种节点的极限承载力从高到低依次为 EDKBF1、EDKBF3、EDKBF2，符合上述设计要求。

耗能隔撑试件极限承载力　　　　　　　　表 2-3

试件	EDKBF1	EDKBF2	EDKBF3
极限承载力(kN)	263	142	230

2.1.5　本节小结

本节以实际工程钢框架为基础，在钢框架上设计耗能隔撑，并对所设计的耗能隔撑钢框架节点进行理论验算，非线性有限元软件 ABAQUS 对 EDKBF1、EDKBF2 以及 EDKBF3 3 种钢框架梁柱节点进行低周往复荷载作用下的有限元模拟，对比分析 3 种节点的有限元模拟结果，可以得到以下结论：

（1）在传统钢框架梁柱节点上布置耗能隔撑形成 EDKBF1 试件，EDKBF1 可以实现两阶段屈服耗能，即耗能隔撑芯材首先屈服和梁柱后续屈服，表明耗能隔撑试件可以起到保护梁柱主体结构的作用，提高传统梁柱节点的承载力，同时具有更好的耗能能力。

（2）通过计算表明，当 EDKBF1 和 EDKBF2 试件耗能隔撑芯材发生破坏后，EDKBF1 仍然保持了 62.7% 的初始刚度，EDKBF2 保持了 47.4% 的初始刚度，满足规范的相应抗震要求，表明耗能隅撑钢框架具有良好的抗侧移能力。

（3）EDKBF1 在 EDKBF3 的基础上布置耗能隅撑，在提高承载力的同时，改善与构建了耗能能力。

（4）EDKBF2 耗能隅撑的布置使得原梁柱刚性域连接转变为铰接节点，使其在满足钢框架应用的同时，便于实现工程施工以及现场连接，并且具有良好的耗能能力。

（5）EDKBF1 较 EDKBF3 具有较好的耗能能力；EDKBF2 较 EDKBF1 具有较好的连接方式。

2.2　耗能隅撑钢框架节点拟静力试验

作者对 EDKBF1、EDKBF2 和 EDKBF3 进行了拟静力试验，分析其在实际情况下的耗能能力，通过试验得出 3 种钢框架节点的抗震能力。本节选取了前述 3 种节点，并在沈阳建筑大学试验室进行试验研究。

2.2.1　试验分析内容

分析 3 种节点试件在低周往复作用下的受力机理、破坏过程以及极限承载力，布置耗能隅撑的 EDKBF1 和 EDKBF2 的耗能能力，传统梁柱连接节点 EDKBF3 的耗能能力，本次试验试件的尺寸参见上节。

2.2.2　材性试验

在本次试验中所用拉拔试件的厚度分别为 8mm、10mm、12mm、14mm。同时考虑试验室仪器以及方便试件制作，节点板件厚度分别为：Q235B 钢材取 10mm，Q345B 钢材取 8mm、10mm、12mm、14mm。拉伸试件与板材采用同批次钢材机械切割而成，拉拔件端部截面采用砂轮打磨，增加其摩擦力，保证其在试验室拉伸过程中不发生脱离，同时为避免数据出现离散，每种板件均取 3 个试样，共计 15 个试件，详细编号如表 2-4 所示。为防止试验室加载仪器拉伸过程中与试件产生滑移，加大拉伸试件宽度，在其两端做划痕以方便固定，各尺寸试件设计图如图 2-19 和图 2-20 所示。限于篇幅仅列出部分实物图及试件破坏图（图 2-21）。在每个拉伸试件中心部位粘贴单向应变片，采集试件的应变。本次拉伸试验数据采集设备为 XL2101C 程控静态电阻应变仪，本次材料拉伸试验在沈阳建筑大学力学试验室 500kN 拉力机上完成（图 2-22）。

钢材编号表　　　　　　　　　　　　　　　　表 2-4

试件尺寸	Q345B 8mm	Q345B 10mm	Q345B 12mm	Q345B 14mm	Q235B 10mm
	A8-1	A10-1	A12-1	A14-1	B10-1
试件编号	A8-2	A10-2	A12-2	A14-2	B10-2
	A8-3	A10-3	A12-3	A14-3	B10-3

拉伸试验加载过程共分为两个阶段，第一个阶段为弹性阶段，试件承载力与变形量呈线性关系，故采用应力 15MPa/s 的加载速率控制加载，钢材达到屈服荷载后会因较小的荷载增幅产生较大形变。试件屈服后，改用 0.002/s 的应变速率控制加载，确保得到的试

件本构曲线完整、准确。试验后需要得出的主要参数包括：屈服强度、极限强度、伸长率，并通过计算得出弹性模量 E。

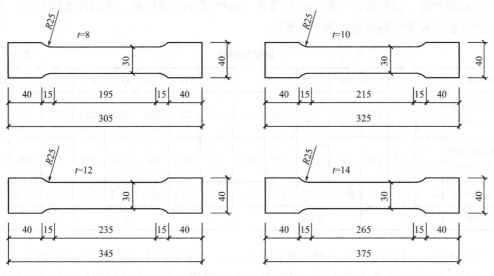

图 2-19　耗能隅撑钢框架节点材性试验取样图

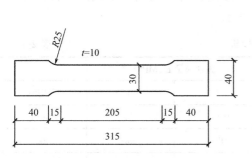

图 2-20　耗能隅撑芯材试验取样图

图 2-21　材性试件图

图 2-22　材性试验装置

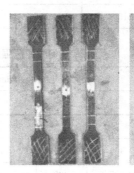

图 2-23　材性试件破坏

材性试验结果如下：

试件拉伸后的破坏形式类似，均在试件中部发生塑性破坏，试件拉断时，截面收缩，断裂截面温度升高，试件破坏形式如图 2-23 所示。将各个材性试件破坏前做好标距，如图 2-21 所示，通过测量拉断后试件标距，并将破坏前后标距做差，将此差值与材性试件破坏前标距相除，以此数值来粗略地计算各个材性试件的伸长量，进而计算伸长率。各个材性试件的伸长率实测结果如表 2-5 所示。

钢材伸长率 表 2-5

试件编号	A8-1	A8-2	A8-3	A10-1	A10-2	A10-3	A12-1	A12-2	A12-3	A14-1	A14-2	A14-3	B10-1	B10-2	B10-3
试验前有效长度 L_C(mm)	175	175	175	195	195	195	214	214	214	232	232	232	175	175	175
试验后有效长度 L'_C(mm)	215	214	214	248	250	249	262	263	264	287	298	283	222	222	223
伸长率(%)	22.8	22.2	22.2	26.7	27.7	27.2	22.2	22.7	23.1	23.9	28.7	22.2	26.8	26.8	27.4
平均值	22.4			27.2			22.7			24.9			27		

通过表 2-5 可以得出，各材性试件的伸长率为 20％～30％，符合相应规范的要求，其中 Q235B 钢材的伸长率达到 27％，具有良好的可拉伸效果，为耗能隔撑芯材部分拉伸耗能提供良好的保证。

实测试件的荷载-位移曲线，限于篇幅，同一厚度试件，只列一个试件的拉伸曲线，具体试验结果及结论如图 2-24 和表 2-6、表 2-7 所示。

钢材弹性模量 表 2-6

钢材型号	试件名称	弹性模量 E(MPa)			
		1	2	3	平均值
Q345B 钢板	A8	190.1	191.1	207.1	196.1
	A10	188.0	209.0	203.0	200.0
	A12	208.0	201.7	204.1	204.6
	A14	205.0	209.0	203.0	206.0
Q235B 钢板	B10	211.9	198.3	188.6	199.6

钢材屈服强度和极限强度 表 2-7

钢材型号	试件名称	屈服强度 f_y(N/mm²)				极限强度 f_u(N/mm²)			
		1	2	3	平均值	1	2	3	平均值
Q345B 钢板	A8	350	369.6	380.1	366.6	454.2	457.2	456.3	455.9
	A10	304.5	309.4	297.2	303.7	462.3	473.9	472.3	469.5
	A12	387.8	382	372.4	380.7	546.5	545.6	530.6	540.9
	A14	335.4	325.7	333.3	331.5	477.7	466.9	473.5	472.7
Q235B 钢板	B10	258.7	258.9	253	256.9	396.7	395.4	394.4	395.5

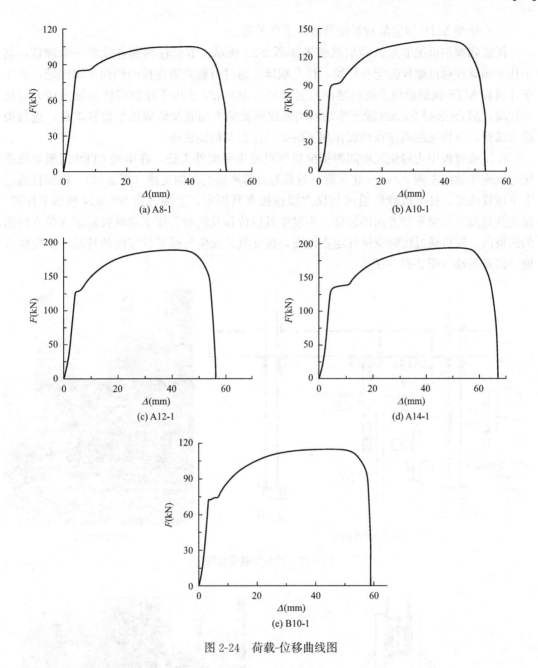

(a) A8-1

(b) A10-1

(c) A12-1

(d) A14-1

(e) B10-1

图 2-24　荷载-位移曲线图

2.2.3　试验装置和测量内容

2.2.3.1　试验装置

耗能隅撑钢框架节点拟静力试验加载装置组成包括：

（1）节点试件；

（2）自反力架；

（3）油压千斤顶；

（4）节点柱上下两端球铰；

（5）梁端 MTS 伺服加载系统及数据采集装置。

耗能隅撑钢框架节点试验加载装置如图 2-25 所示，节点柱两端各放置一个球铰，其中柱下端球铰通过螺栓固定在地梁，柱上端球铰通过与剪力墙连接的侧向支撑固定，油压千斤顶和 MTS 伺服加载系统均竖向放置，采用 1000kN 油压千斤顶将柱顶轴向压力施加到柱端，MTS 选择 500kN 液压作动器用来控制梁端力加载及低周往复位移加载，进行拟静力试验，分析耗能隅撑在地震作用下的破坏过程及耗能机理。

在试验过程中为避免耗能隅撑钢框架节点发生平面外失稳，在梁端 MTS 伺服加载系统与梁连接轴线左侧 200mm 处布置一对具有足够刚度的侧向支撑（图 2-26），框架柱通过上下球铰固定，柱上端球铰通过与反力墙连接夹具固定，上端连接 5000kN 油压千斤顶，保证其只发生与梁平行方向的转动，不发生其他位移及转动，柱下端球铰固定在带有凹槽的铁板内，铁板通过压梁及锚杆定在地面，保证其只发生与梁平行方向的转动，不发生其他位移及转动（图 2-27～图 2-30）。

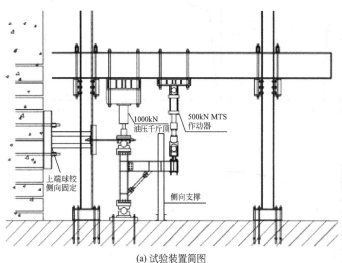

(a) 试验装置简图　　　　　　　　　　　　(b) 试验装置图

图 2-25　试验加载装置图

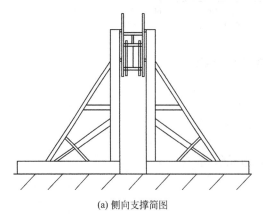

(a) 侧向支撑简图　　　　　　　　　　　　(b) 侧向支撑实物图

图 2-26　梁端侧向支撑示意图

图 2-27 柱上端铰轴

图 2-28 柱下端铰轴

图 2-29 上端铰轴侧向固定

图 2-30 下端铰轴压梁固定

2.2.3.2 试验测量内容

准确记录耗能隔撑钢框架节点相应部位应变及相应位移数据是本次试验的重要环节，并对数据进行整理，为后续分析耗能隔撑的破坏机理及耗能能力提供理论依据，做如下观测内容：

（1）耗能隔撑芯材的轴向应变，耗能隔撑芯材中部及端部各布设 2 个观测点。

（2）梁柱节点域角点的应变，布置应变花 5 个。

（3）梁柱翼缘及腹板处应变，观察梁柱翼缘根部及加劲肋两侧。

（4）柱顶轴心压力，通过油压千斤顶传感器观测。

（5）柱两端位移，通过位移计观测。

（6）梁端 MTS 拉压实际荷载及位移循环次数，通过数据传感器观测。

（7）耗能隔撑芯材部位位移和梁端加载点位移，通过位移计观测。

（8）侧向是否发生失稳，利用红外线对中仪观测。

2.2.3.3 采集数据及布置测点

为充分分析布设耗能隔撑梁柱节点的耗能能力及破坏机理，进行如下观测：

（1）采集应变、位移

本次试验 EDKBF1、EDKBF2 共计 37 个应变片、5 个应变花、6 个位移计，EDKBF3

耗能隅撑钢框架结构性能与设计

共计 16 个应变片、5 个应变花、5 个位移计。其中试验中应变片及应变花均选用高精度 120 欧姆电阻式应变片，通过在试件各个位置布测，监测梁柱及耗能隅撑部件较大应力出现的关键部位。各试件的测点位置如图 2-31～图 2-33 所示。试验正式开始之前用万用表测量各应变片是否可用。为后续对比分析 3 种钢框架节点的力学性能，各试件同位置处采用同一编号，方便数据的采集整理及后续分析，3 种试件梁柱节点翼缘及腹板处应变片、EDKBF1 和 EDKBF2 耗能隅撑芯材处应变和节点域处应变花通过导线与数据采集板相连。连接后同样用万用表测量连接是否可用。

考虑本次试验应变片、应变花及位移计布设个数，总共需要 8 块高精度数据采集板进行数据采集。8 块数据采集板通过导线串联连接，其中第 1 块采集板与计算机进行连接，第 8 块采集板连接终端屏蔽器。每块采集板采用与耗能隅撑钢框架节点试件同批钢材粘贴应变片以此来进行温度补偿，用万用表测量各温度补偿应变片是否可用，做好上述工作以保证后续试验数据的传输。

(2) 采集荷载

此次试验在满足相应规程设计下进行，严格监测耗能隅撑钢框架节点柱端轴力加载及梁端 MTS 荷载-位移加载是试验成功的关键，柱上端轴力通过油压千斤顶传感器进行控制和监测，梁端荷载通过 MTS 传感器进行控制和监测，将梁和柱部位的荷载传感器与计算机进行连接，准确输出即时荷载，达到监测的目的。

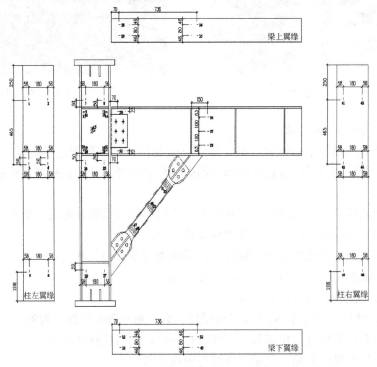

图 2-31　EDKBF1 应变片位置及编号图

(3) 采集位移

EDKBF1、EDKBF2 试件均布置 6 个位移计，EDKBF3 试件布置 5 个位移计，3 种节点试件位移计布置处编号相同，其中 1 号、2 号位移计监测耗能隅撑钢框架梁柱节点域角

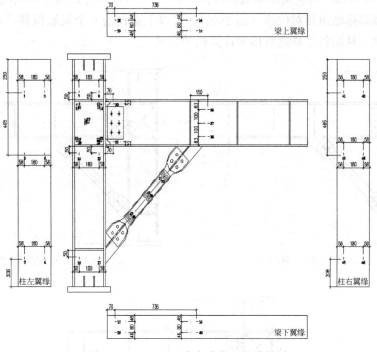

图 2-32   EDKBF2 应变片位置及编号图

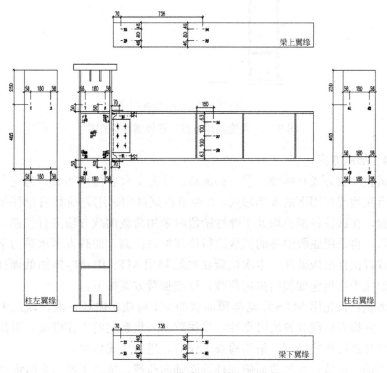

图 2-33   EDKBF3 应变片位置及编号图

点的位移，3 号位移计监测梁端加载点位移，4 号、5 号位移计监测柱两端的位移，6 号位移计监测耗能隅撑轴向相对位移（图 2-34）。将以上布设的 6 个灵敏位移计通过导线与数据采集板连接，从而将位移读数传至计算机并记录。

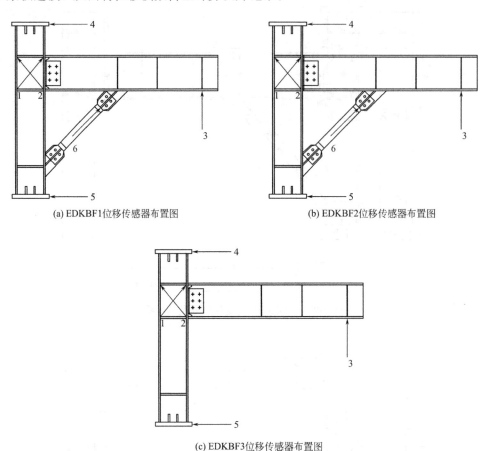

(a) EDKBF1位移传感器布置图   (b) EDKBF2位移传感器布置图

(c) EDKBF3位移传感器布置图

图 2-34　耗能隅撑节点位移传感器布置图

2.2.3.4　加载方案

常用的试验加载方式有两种：①位移加载；②先荷载后位移加载。为充分模拟耗能隅撑钢框架节点在地震作用下的破坏形式，3 种节点试件均采用先荷载后位移加载的方法进行拟静力试验，在试件各部位均处于弹性阶段时采用荷载加载方法进行控制，当试件某部位达到屈服后，再采用屈服位移的倍数进行位移加载控制，加载直至承载力下降到相应规范规定数值或者试件出现破坏。本次试验在梁端利用 MTS 作动器施加低周往复荷载，在柱顶端利用油压千斤顶施加轴向恒定荷载，详细加载方案如下：

（1）预加载：首先用 MTS 作动器预加载 20kN 荷载并循环一次，以此来使试验各部件紧密接触，并检查加载装置的可靠性，检测数据采集系统的工作性能，对出现问题及读数异常的应变片进行更换处理，最终检查无误后，进行正式加载。

（2）柱端轴向加载：预加载后施加柱顶端轴向荷载，按轴压比 0.2 即将竖向 830kN 荷载通过油压千斤顶施加到柱顶，通过观测传感器的应变仪来保持竖向轴力的恒定。

（3）节点试件弹性阶段加载：施加柱顶端轴向荷载之后，观测节点试件，无异常现象发生后，利用 MTS 作动器进行梁端荷载控制加载。此时试件各部位均处于弹性阶段，根据对钢材所做材性试验结果和各试件有限元模拟结果得到各试件达到屈服时的荷载。首先以屈服荷载的 20％分段加载，每级循环一次，加载至屈服荷载的 80％后，再以屈服荷载的 10％进行加载，每级同样循环一次。此阶段严密监测荷载-位移曲线，通过此曲线的变化来判断试件的塑性变形，记录此时的屈服位移。

（4）节点试件弹塑性阶段加载：通过弹性加载段的屈服位移，并以屈服位移的整数倍进行位移加载控制，每级位移循环 2 次，加载直至承载力下降到极限荷载的 85％或者试件某部位出现破坏时结束加载。

（5）在试验各阶段要严密监测耗能隅撑钢框架节点关键部位的应变，观测试件各部分是否出现变形或者破坏的情况，通过数据采集系统记录相关荷载的大小及应变的变化。为确保试件不受外部阻力的影响，要保证结构试件在试验过程中拥有充分的变形空间，同时观测侧向支撑是否出现移动或者变形，避免节点试件发生平面外失稳。

2.2.4　耗能隅撑钢框架节点试验

2.2.4.1　EDKBF1 拟静力试验现象

EDKBF1 节点试件试验主要研究耗能隅撑钢框架节点耗能隅撑部位和梁柱主体屈服，以及破坏的先后顺序。通过计算及模拟确定 EDKBF1 试件易破坏的部位，对试件关键部位的变形通过应变片进行数据监测，同时将各测点应变数据通过数据采集板传送到计算机，EDKBF1 试件试验装置如图 2-35 所示。根据有限元计算结果，EDKBF1 试件屈服荷载约为 120kN，因此在弹性阶段采用力加载控制时，按 24kN、48kN、72kN、96kN、108kN、120kN 逐级加载，每级加载循环一次。EDKBF1 节点试件在此弹性加载阶段其荷载-位移曲线呈明显的线性变化，表明试件处于弹性状态，当每级荷载回归零位后，监测各应变并没有残余应变产生。弹性加载阶段，当梁端竖向荷载施加到 120.2kN 时（压方向），耗能隅撑芯材部位 51 号应变片数值达到 $1516\mu\varepsilon$，为所有应变中最大数值，根据材性试验结果可以判定此时芯材部位发生屈服（图 2-36），本级荷载加载完成一个循环之后，EDKBF1 节点试件梁端最大位移为 5.8mm，反向最大位移为 5.5mm。观测 EDKBF1 节点试件其余各测点应变值，还远未达到屈服，此现象符合耗能隅撑钢框架节点的两阶段屈服耗能要求。在弹性阶段当力加载至 100kN 时，EDKBF1 节点试件发生响动，观测荷载-位移曲线发现其出现一定量的滑移，耗能隅撑部分荷载-位移曲线滑移明显，表明耗能隅撑与梁柱连接处螺栓发生滑动。当耗能隅撑芯材部位达到屈服之后，改用位移控制加载方式进行加载。取 EDKBF1 节点试件耗能隅撑的屈服位移为 5.8mm，并以整数倍的屈服位移进行循环加载，每级位移循环加载 2 圈。在位移控制加载阶段，当梁端 MTS 作动器施加的竖向位移达到 11.19mm 时，数据采集发现梁柱最大应变达到 $1882\mu\varepsilon$，梁端荷载-位移曲线出现明显的拐点，可以判断 EDKBF1 梁、柱部分出现屈服，此时梁端的荷载达到 135.4kN（图 2-37），循环加载过程中 EDKBF1 节点试件梁柱部分保持良好的力学性能，未发生局部失稳及整体失稳现象；加载至 9 倍屈服位移向上时，耗能隅撑芯材与梁连接处发生断裂，试验终止（图 2-38）；试验终止后，观测整体试件，耗能隅撑处发生断裂，梁柱未发生破坏及失稳，梁柱节点域保持良好的力学性能，与 EDKBF1 节点试件两阶段屈服设计理念相吻合。

图 2-35　EDKBF1 试验装置图

图 2-36　EDKBF1 耗能隅撑屈服图

图 2-37　EDKBF1 试件破坏图

图 2-38　EDKBF1 芯材破坏图

　　试验过程中严密监测试验现象及荷载-位移曲线，往复荷载作用下监测各级循环位移最大时的试验现象，当加载到 8 倍屈服位移时，梁端向上倾斜明显，耗能隅撑与梁柱均无异常现象，当加载到 9 倍屈服位移时，当荷载向上发生最大位移时，耗能隅撑断裂，从图 2-38 可以看出，耗能隅撑与梁连接处芯材被拔出，并发生断裂，耗能隅撑与柱连接处被拔出现象不明显，对比 8 倍屈服位移，此时除耗能隅撑外梁柱主体保持良好的完整性，表明耗能隅撑良好的耗能能力。

2.2.4.2　EDKBF2 拟静力试验现象

　　EDKBF2 节点试件试验主要研究耗能隅撑和梁柱主体屈服及破坏的先后顺序，同时确定梁柱铰接连接对钢框架节点的影响。通过计算及模拟确定 EDKBF2 试件易破坏的部位，对试件关键部位的变形通过应变片进行数据监测，同时将各测点应变数据通过数据采集板传送到计算机，EDKBF2 试件试验装置如图 2-39 所示。为保证试件整体不发生侧向失稳，EDKBF2 节点侧向支撑放置在梁端 MTS 与梁连接处，保证 MTS 及梁均不发生侧向失稳，根据有限元计算结果，EDKBF2 试件屈服荷载约为 60kN，因此在弹性阶段采用力加载控制时，按 12kN、24kN、36kN、48kN、54kN、60kN 逐级加载，每级加载循环一次。EDKBF2 节点试件在此弹性加载阶段其荷载-位移曲线呈明显的线性变化，表明试件处于弹性状态，当每级荷载回归零位后，监测各应变并没有残余应变产生。弹性加载阶段，当梁端竖向荷载施加到 51.3kN 时（压方向），耗能隔撑芯材部位 51 号应变片数值达到 $1463\mu\varepsilon$，为所有应变中最大数值，根据上文材性试验结果可以判定此时芯材部位发生屈服（图 2-40），本级荷载控制完成一个循环后，观测荷载-位移曲线发现梁端位移最大达到 5.78mm，反向加载时最大位移达到 5.6mm。观测此时 EDKBF2 节点试件其他部位应变值，还远未达到屈服，此现象符合耗能隔撑钢框架节点铰接连接的要求。取 EDKBF2 节点试件耗能隔撑的屈服位移为 5.8mm，并以整数倍的屈服位移进行循环加载，每级位移循环加载 2 圈。当梁端 MTS 施加的竖向位移值达到 11.5mm 时，数据采集发现梁翼缘根部最大应变达到 $1939\mu\varepsilon$，梁端荷载-位移曲线出现明显的拐点，可以判断 EDKBF2 梁、柱部位出现屈服，此时梁端的最大荷载达到 71.7kN（图 2-40）。在弹性阶段当力加载至 36kN 时，EDKBF2 节点试件发生响动，观测荷载-位移曲线发现其出现一定量的滑移，耗能隔撑部分荷载-位移曲线滑移明显，表明耗能隔撑与梁柱连接处螺栓发生滑动，螺栓滑移出现在每级循环中，直至试验结束。循环过程中严密监测试件整体，未发生局部失稳和整体失稳，加载至耗能隔撑 10 倍屈服位移向上时，耗能隔撑芯材与梁连接处发生断裂，此时梁柱整体仍保持良好的力学性能未发生破坏，试验终止（图 2-41～图 2-44）。

图 2-39　EDKBF2 试验装置图

图 2-40　EDKBF2 耗能隔撑屈服图

图 2-41　EDKBF2 节点整体破坏图

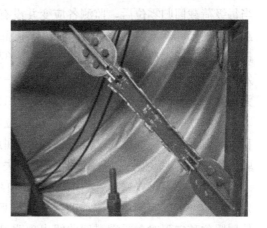

图 2-42　EDKBF2 节点耗能隔撑破坏图

图 2-43　EDKBF2 耗能隅撑芯材破坏图　　　　图 2-44　EDKBF2 外围约束破坏图

从试验中可以发现：当 EDKBF2 加载至 9 倍屈服位移时，梁端受力后，向上倾斜明显，耗能隅撑受力被拉长，此时荷载-位移曲线保持良好的滞回性能，试件整体未出现破坏现象，当 EDKBF2 加载至 10 倍屈服位移向上时，梁端滞回曲线出现明显下降，观察试件发现耗能隅撑芯材与梁端连接部分出现断裂，同时耗能隅撑槽钢连接处受力焊缝开裂（图 2-44）；而此时梁柱主体保持良好的完整性，未出现任何破坏现象。

2.2.4.3　EDKBF3 拟静力试验现象

EDKBF3 节点试件为传统梁柱节点，未放置耗能隅撑，通过观测此节点试件对比分析耗能隅撑梁柱刚接及耗能隅撑梁柱铰接节点耗能能力，通过计算及模拟确定 EDKBF3 试件易破坏的部位，对试件关键部位的变形通过应变片进行数据监测，同时将各测点应变数据通过数据采集板传送到计算机，EDKBF3 试件试验装置如图 2-45 所示。为保证试件整体不发生侧向失稳，EDKBF3 节点侧向支撑放置在梁端 MTS 与梁连接处，根据上文有限元计算结果，EDKBF3 试件屈服荷载约为 110kN，因此在弹性阶段采用力加载控制时，按 22kN、44kN、66kN、88kN、99kN、110kN 逐级加载，每级加载循环一次。EDKBF3 节点试件在此弹性加载阶段其荷载-位移曲线呈明显的线性变化，表明试件处于弹性状态，当每级荷载回归零位后，监测各应变并没有残余应变产生。弹性加载阶段，当梁端竖向荷载施加到 105kN 时（压方向），梁翼缘根部 28 号应变片数值达到 $1923\mu\varepsilon$，为所有应变中最大数值，梁端荷载-位移曲线出现明显的拐点，根据上文材性试验结果可以判定此时梁发生屈服（图 2-46），本级荷载控制完成一个循环后，观测荷载-位移曲线发现梁端位移最大达到 12mm，反向加载时最大位移达到 12.11mm。

观测此时 EDKBF3 节点试件其他部位应变值，还远未达到屈服。循环至 6 倍屈服位移时，节点域发生屈曲，加载至 10.5 倍屈服位移向下时，梁根部抗震盖板母材撕裂，试验终止（图 2-47～图 2-50），此时节点域失稳更加明显。

从以上图中可以看出，当 EDKBF3 加载至 10 倍屈服位移时，梁端受力明显，节点域发生弯曲变形，观测梁端位移曲线发现滞回曲线出现下降趋势，当 EDKBF3 加载至 10.5 倍屈服位移向下时，梁端滞回曲线出现明显下降，观察试件发现，EDKBF3 梁柱连接处上端抗震盖板出现开裂，柱节点域弯曲明显，不能恢复。

图 2-45　EDKBF3 试验装置图

图 2-46　EDKBF3 梁柱屈服图

图 2-47　EDKBF3 梁柱破坏图

图 2-48　EDKBF3 抗震盖板破坏图

图 2-49　EDKBF3 节点域变形图

图 2-50　EDKBF3 梁端加载图

2.2.4.4　关键部位变形及应力应变分析

观测 EDKBF1、EDKBF2 在弹性阶段内的耗能隅撑芯材应变（图 2-51、图 2-52）可以发现：随着荷载的增加，耗能隅撑芯材应变呈线性变化，力控制初始阶段，耗能隅撑芯材

耗能隅撑钢框架结构性能与设计

两端及芯材中部应变相差不大，耗能隅撑芯材受力均匀。随着荷载的增加，耗能隅撑端部应变增加趋势大于芯材中部应变，其中耗能隅撑芯材与梁连接部位应变较大，与后期此部位断裂现象相符。EDKBF1、EDKBF2在拉压作用下的耗能隅撑芯材应变不对称，在受拉状态下应变更大。

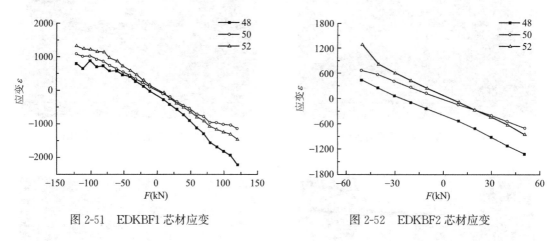

图 2-51　EDKBF1 芯材应变　　　　　　　图 2-52　EDKBF2 芯材应变

　　观测 3 试件柱左翼缘测点 1、测点 3 应变和柱右翼缘测点 41、测点 43（图 2-53），通过对比分析发现，在弹性阶段柱两侧翼缘应变较小，符合强柱设计这一要求，对比分析 EDKBF1、EDKBF3 可以发现，随着荷载增加，EDKBF3 的应变增加趋势大于 EDKBF1，

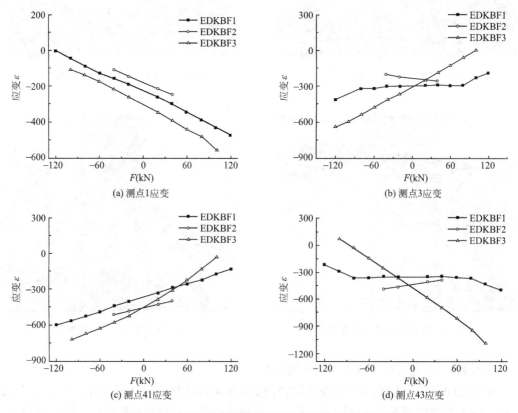

图 2-53　不同试件柱左侧翼缘和右侧翼缘应变对比图

38

表明在传统梁柱框架节点布置耗能隔撑可以分担梁端荷载，减小荷载对柱的作用，改变传统梁柱框架节点受力性能，同时，EDKBF3 在往复荷载作用下，柱发生弯曲失稳，而 EDKBF1 试件柱保持良好的性能，未有失稳现象发生，表明耗能隔撑的布置使传统梁柱节点塑性铰外移。

观测 3 节点试件柱腹板节点域上下部位测点 7、测点 24 应变（图 2-54）发现，在弹性阶段内，柱腹板翼缘应变较小。通过测点 7 发现 3 种试件应变变化趋势一致，受拉作用下 EDKBF1、EDKBF2 应变均大于 EDKBF3；并发现 EDKBF1、EDKBF2 在荷载作用下，应变几乎未发生变化，此现象同样可以表明耗能隔撑的布设对柱影响较大，可以减小柱所受荷载，保证框架中柱的安全。

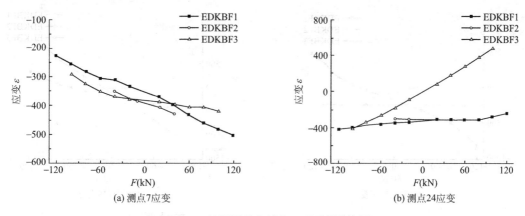

(a) 测点7应变　　　　　　　　　　　　　(b) 测点24应变

图 2-54　柱腹板节点域上、下两侧应变图

观测节点域上的 5 个测点（图 2-55）发现：在弹性阶段内，节点域应变呈现线性变化。EDKBF2 应变均在 0 左右，表明铰接及耗能隔撑的布设对梁柱节点域影响较大。对比 EDKBF1、EDKBF3 发现，EDKBF3 节点应变均大于 EDKBF1，表明耗能隔撑的布设可以改变梁柱发生塑性破坏时塑性铰的位置，符合强柱弱梁的设计理念，同时避免梁柱部分出现塑性铰而耗能，解决利用梁柱主体部分进行耗能的问题。

2.2.5　本节小结

本节详细介绍了耗能隔撑钢框架节点拟静力试验，分析其在低周往复荷载模拟地震作用下的实际耗能机理和破坏情况，并对关键部分应力-应变进行分析，主要进行以下工作并得出相关结论：

（1）介绍了材性试验，通过拉伸试验得到试验节点涉及不同厚度钢材的力学性能，为有限元分析、试验分析及后续耗能隔撑构件设计理念提供理论基础。

（2）详细介绍耗能隔撑节点试验方案，包括加载装置、应变片与应变花的布置、位移计的架设及加载方案，为试验顺利进行和试验数据采集做好前期准备工作。

（3）通过 3 种节点拟静力试验，对比 EDKBF1 和 EDKBF3 试验现象可以得出：通过布设耗能隔撑可以改变传统梁柱节点的受力性能，改变传统梁柱节点塑性铰形成位置及提高其耗能能力；对比 EDKBF2 和 EDKBF3 试验现象，发现耗能隔撑的布设可以改变传统梁柱节点的连接方式，将传统梁柱节点的连接形式向装配式连接转变；对比 EDKBF1 和

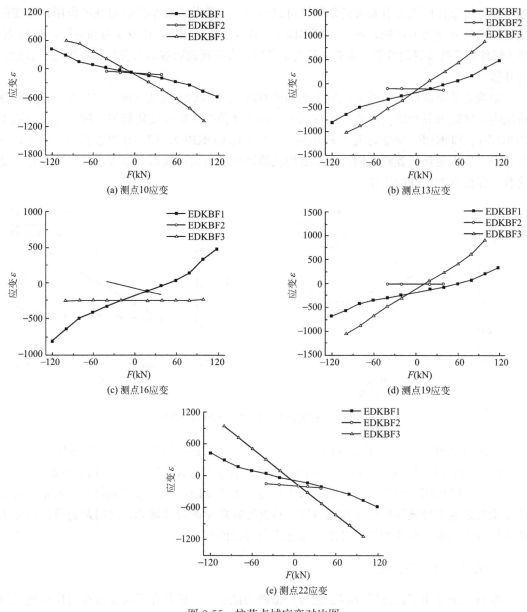

图 2-55　柱节点域应变对比图

EDKBF2，得到不同连接方式下耗能隔撑的作用及承载能力，为装配式耗能隔撑理念提供理论基础。

（4）对 3 种节点形式关键部位的应变数据进行整理，分析耗能隔撑芯材及梁柱节点在弹性阶段的应变变化情况，分析试件在梁端往复荷载作用下的应力分布，为耗能隔撑受力机理提供理论依据。

2.3　耗能隔撑钢框架节点耗能性能分析

将耗能隔撑钢框架节点试验数据分析整理，通过 X-Y 函数记录仪记录 3 种试件荷载-

位移曲线、骨架曲线和刚度退化曲线等反映节点试件在拟静力试验下的曲线图；通过上述拟静力试验数据计算出黏滞阻尼系数、延性系数以分析节点试件耗能能力指标；对比分析拟静力试验和低周往复荷载作用下有限元模拟结果，验证 ABAQUS 有限元模拟结果与试验的吻合度，为后续有限元分析耗能隔撑钢框架节点各项性能提供理论依据。

2.3.1　试验结果分析

2.3.1.1　试验荷载-位移曲线

低周往复循环荷载作用下，结构的作用力和结构位移之间的关系曲线称为滞回曲线。滞回曲线能够很好地反映试件的耗能能力和破坏机理。通常情况下，有如下几种形态的滞回曲线：梭形、弓形、反 S 形以及 Z 形，滞回曲线的饱满程度反映了结构的耗能能力，其中梭形滞回曲线滞回环饱满，耗能性能较好，反映试件的正截面发生破坏；滞回曲线呈现弓形表明试件发生了一定量的滑移，曲线中部会出现"捏缩"效应；滞回曲线呈现反 S 形，表明试件发生了更多的滑移，同时曲线形状不饱满；Z 形滞回曲线表明试件发生了大量的滑移（图 2-56）。荷载-位移曲线可以清晰地反映节点试件在循环荷载作用下力与试件变形的关系，同时可以反映出节点试件卸载后刚度恢复的能力，卸载时形变减小释放能量，在每级循环内，吸收与释放的能量差值即一个滞回环所围成的面积，为此节点的"耗能损失"。

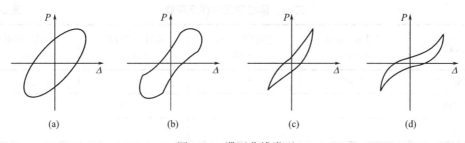

图 2-56　滞回曲线类型

通过 X-Y 函数记录仪记录本书 3 种钢框架节点的荷载-位移曲线，如图 2-57～图 2-60 所示。

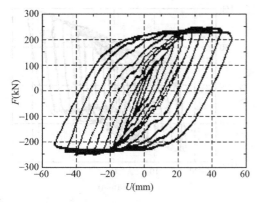

图 2-57　EDKBF1 荷载-位移曲线

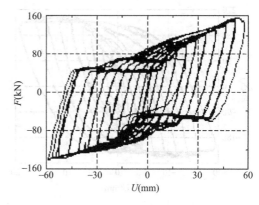

图 2-58　EDKBF2 荷载-位移曲线

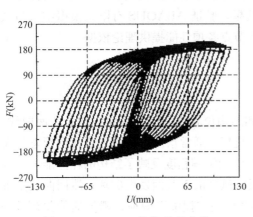

图 2-59 EDKBF3 荷载-位移曲线

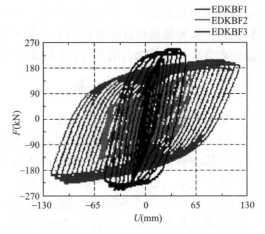

图 2-60 3 种试件的荷载-位移曲线对比图

通过滞回曲线可以得到 EDKBF1、EDKBF2 耗能隅撑刚发生屈服时的屈服位移和屈服荷载，EDKBF1、EDKBF2 和 EDKBF3 梁柱刚出现屈服时的屈服位移和屈服荷载，如表 2-8 所示。

芯材、梁柱屈服位移及荷载

表 2-8

类别	芯材屈服位移 （mm）	芯材屈服荷载 （kN）	梁柱屈服位移 （mm）	梁柱屈服荷载 （kN）
EDKBF1	5.86	96.5	11.47	167.5
EDKBF2	5.79	53.1	11.52	76.9
EDKBF3	—	—	12.11	111.9

用 X-Y 函数记录仪记录 EDKBF1、EDKBF2 耗能隅撑芯材相对荷载-位移滞回曲线，如图 2-61、图 2-62 所示。

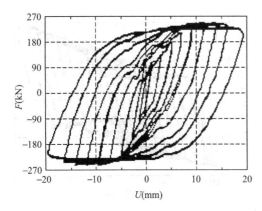

图 2-61 EDKBF1 芯材荷载-位移滞回曲线

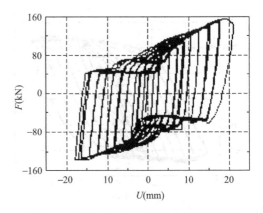

图 2-62 EDKBF2 芯材荷载-位移滞回曲线

（1）EDKBF1、EDKBF2 试件耗能隔撑芯材处于弹性阶段及 EDKBF3 试件梁柱处于弹性阶段时，3 种节点试件的荷载-位移曲线均呈线性变化，滞回曲线相当于一条直线，包围面积很小，同时随着荷载的增加，试件刚度未发生明显的变化，节点试件均处于弹性阶段。

（2）当 EDKBF1、EDKBF2 试件耗能隔撑芯材发生屈服及 EDKBF3 试件梁柱部位发生屈服后，滞回曲线发生如下变化：包围的面积逐渐增加、出现明显的刚度退化、滞回环出现曲线变化，此时节点试件处于非线性工作阶段。

（3）EDKBF1 节点的滞回曲线呈梭形，曲线饱满、稳定、耗能性能良好；加载初期由于耗能隔撑与梁柱的双重作用，其较 EDKBF2 和 EDKBF3 具有更大的刚度，随着位移控制阶段循环次数的增加，EDKBF1 试件刚度有所下降。EDKBF1 滞回曲线具有明显的 3 个阶段，表明耗能隔撑及梁柱先后发生两次屈服，当循环至 5 倍屈服位移时，荷载-位移曲线的总荷载不再上升，滞回环出现下降趋势，但下降速度较慢，至耗能隔撑发生断裂，承载力下降到其极限承载力的 82.4%。

（4）EDKBF2 节点的滞回曲线呈弓形，具有一定的"捏缩"现象，表明试验过程中存在滑移现象，与耗能隔撑和梁柱连接部位螺栓滑动现象相吻合，曲线饱满、稳定、耗能性能良好。加载初期，观测滞回曲线，试件具有较大刚度，随着循环次数的增加，刚度下降，当循环至 10 倍屈服位移时，耗能隔撑断裂，滞回曲线有明显的变化。

（5）EDKBF3 为传统梁柱节点，节点的滞回曲线呈梭形，滞回曲线饱满、稳定。加载初期试件具有较大刚度，随着循环次数的增加，刚度有所下降，当循环至 7 倍屈服位移时，荷载-位移曲线的总荷载不再上升，滞回环出现下降趋势，但下降速度较慢。至梁柱连接处梁上部盖板发生断裂，承载力下降到其极限承载力的 87.2%，展现了钢结构良好的耗能能力。

2.3.1.2　试验骨架曲线

将荷载-位移曲线的每级荷载的第一次循环的峰值点连接起来得到的曲线称为骨架曲线。它反映了试件的强度、刚度、延性及耗能性能等，在各个不同阶段受力与变形的特性，可综合表征结构的抗震性能，据此确定恢复力模型中的特征点。3 种钢框架节点的骨架曲线如图 2-63～图 2-66 所示。

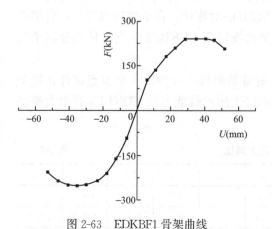

图 2-63　EDKBF1 骨架曲线

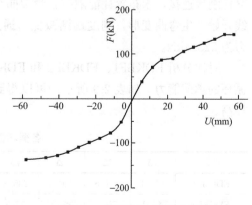

图 2-64　EDKBF2 骨架曲线

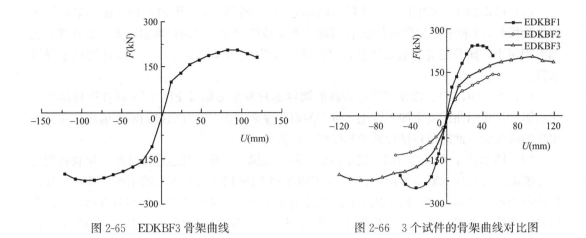

图 2-65　EDKBF3 骨架曲线　　　　　图 2-66　3 个试件的骨架曲线对比图

　　从图中可以看出：EDKBF1 节点试件的骨架曲线在耗能隅撑芯材发生屈服之前均为线性变化，试件整体均位于弹性阶段，在芯材发生屈服之后，骨架曲线出现了明显的弯曲变形，同时荷载随着位移的逐级增加也逐渐增大，刚度逐渐出现下降趋势；当 EDKBF1 节点试件梁柱部位出现屈服之后，刚度会再次下降，同时骨架曲线出现明显的拐点；由于 EDKBF1 节点试件只在梁下侧布置耗能隅撑，为非对称试件，同时在加载过程中，无法保证 MTS 与试件绝对紧密连接，在 MTS 向梁端施加的向下的荷载大于向上的荷载；通过骨架曲线得到 EDKBF1 节点试件的极限承载力为 250kN。

　　EDKBF2 节点试件的骨架曲线在耗能隅撑芯材发生屈服之前均为线性变化，试件整体均位于弹性阶段，在芯材发生屈服之后，骨架曲线出现了明显的弯曲变形，同时荷载随着位移的逐级增加也逐渐增大，刚度逐渐出现下降趋势；在铰接连接下，此试件承载力较低，梁柱不容易发生屈服，主要是耗能芯材进行屈服耗能，骨架曲线弯曲不明显，同时由于该试件为梁柱铰接连接下布置耗能隅撑，承载能力较 EDKBF1 较小，由于单侧布设耗能隅撑、结构不对称及试验中 MTS 与试件不能保证绝对紧密，骨架曲线不对称，通过曲线可以得到此试件的极限承载力为 145.7kN。

　　EDKBF3 节点试件的骨架曲线在梁柱部分发生屈服之前均为线性变化，此试件为传统梁柱刚接连接，未布置耗能隅撑，骨架曲线呈现较好的对称性，在梁柱屈服之后，骨架曲线开始产生弯曲变形，刚度逐渐减低，通过骨架曲线得到 EDKBF3 节点试件的极限承载力为 223.4kN。

　　对比分析 EDKBF1、EDKBF2 和 EDKBF3 的骨架曲线，可列出 3 个节点试件在每个循环的承载能力，如表 2-9 所示，可以得到 EDKBF1 的承载能力较 EDKBF3 有很大幅度提高。

各循环极限承载力对比　　　　　　　　　　　表 2-9

试件	1Δ	2Δ	3Δ	4Δ	5Δ	6Δ	7Δ	8Δ	9Δ	10Δ
EDKBF1	120.1	161.6	210.6	235.8	250	247	248	236.2	206.4	—
EDKBF2	40.2	71.7	88.2	90.3	106.1	116.6	124	134.3	145.7	143.1
EDKBF3	111.9	161	175	191.9	199.6	211.8	220.3	223.4	219.5	199.3

2.3.1.3　刚度退化

刚度退化曲线反映的是结构试件累积损伤的影响，是评价结构动力性能特性的标准之一。通过大量研究表明，试件的刚度在加载初期很大，随着荷载和位移循环次数的增加，刚度逐渐变小，试件的刚度采用割线刚度，用平均刚度表示，即取同一循环正负荷载绝对值和位移的绝对值的比值：

$$K_i = \frac{|+F_i| + |-F_i|}{|+X_i| + |-X_i|} \tag{2-24}$$

式中　F_i——1 次循环峰值点的荷载值；

　　　X_i——1 次循环峰值点的位移值。

耗能隅撑节点刚度退化与荷载的关系，如图 2-67～图 2-70 所示。无论是 EDKBF1 还是 EDKBF2，其刚度均在耗能隅撑芯材试件屈服之后才出现明显退化。对于 EDKBF1，当试件达到极限状态时，仍然保持了 51％左右的初始刚度，这表明在梁柱刚接连接的基础上布置耗能隅撑，能够满足抗震的设防要求。对于 EDKBF2，刚度下降比 EDKBF1 快，表明铰接连接影响试件的刚度，当试件达到极限状态时，刚度下降到极限刚度的 33％；对于 EDKBF3，当试件达到极限状态时，试件具有 18％左右的初始刚度。

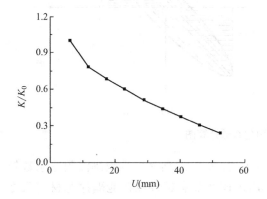

图 2-67　EDKBF1 的刚度退化曲线

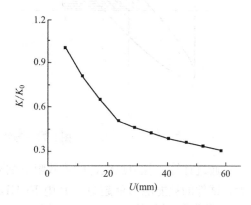

图 2-68　EDKBF2 的刚度退化曲线

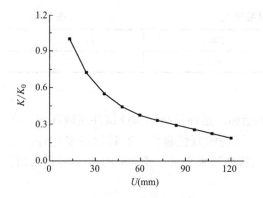

图 2-69　EDKBF3 的刚度退化曲线

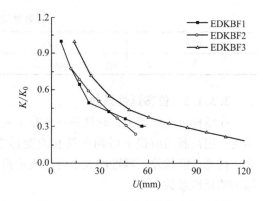

图 2-70　三试件的刚度退化曲线对比图

2.3.1.4　等效黏滞阻尼系数

耗能能力的大小是评定结构抗震性能的重要指标之一，可以通过荷载-位移滞回曲线一次循环中滞回环所包围的面积来反映结构耗能能力的大小，每个循环中滞回环所包围的面积反映了消耗地震能量的多少，本小节取恰当的滞回环面积计算等效黏滞阻尼系数 h_0，以此衡量结构试件的耗能能力。如图 2-71 (a) 所示，等效黏滞阻尼系数一般取滞回曲线 ABE 与横轴所围的面积和 $\triangle BOE$ 的面积按式 (2-25) 计算；但考虑到滞回曲线所围成的图形不一定是对称的，取照图 2-71 (b) 中滞回曲线 $ABCD$ 所围成的面积、$\triangle BOE$ 面积和 $\triangle DOF$ 面积按照式 (2-26) 进行计算。

$$h_e = \frac{1}{2\pi} \cdot \frac{A_{曲线ABCDA}}{A_{\triangle BOE}} \tag{2-25}$$

$$h_e = \frac{1}{2\pi} \cdot \frac{A_{曲线ABCD}}{A_{\triangle BOE + \triangle BOF}} \tag{2-26}$$

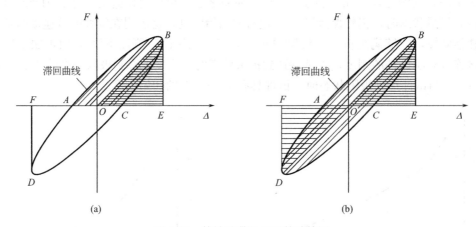

图 2-71 等效黏滞阻尼系数计算图

通过计算，各节点试件的等效阻尼黏滞系数 h_e 如表 2-10 所示，等效黏滞阻尼系数越大，试件的耗能能力就越好。其中 EDKBF1、EDKBF2 节点试件取耗能隔撑芯材屈服之后，梁柱刚进入屈服状态时的滞回环计算，EDKBF3 取梁柱刚进入屈服状态时的滞回环进行计算。

等效黏滞阻尼系数 h_e 表 2-10

试件	EDKBF1	EDKBF2	EDKBF3
h_e	0.487	0.373	0.407

2.3.1.5 位移延性系数

在结构抗震性能中，延性是一个非常重要的指标。延性是指结构或试件在破坏前，在承受一定荷载的前提下后期所具有的变形能力。结构的延性越大，其耗能性能越好；反之，耗能性能越差。延性的大小可以通过荷载-位移曲线来表示。通常采用式 (2-27) 计算结构的延性系数。

$$\mu = \frac{\delta_n}{\delta_y} \tag{2-27}$$

式中 δ_n——极限位移，通常取骨架曲线中极限承载力下降到 85% 时的位移；

δ_y——屈服位移。

本次试验中，EDKBF2 和 EDKBF3 节点试件在极限承载力下降到 85％前已发生破坏，故只计算 EDKBF1 节点试件的延性系数，通过计算，EDKBF1 的延性系数为 4.3，《建筑抗震设计规范》（2016 年版）GB 50011—2010（简称《抗震规范》）规定的框架结构的抗震延性系数为 4.0，符合规范规定，说明耗能隔撑钢框架节点的延性性能良好。

2.3.2　试验结果与有限元结果的比较

2.3.2.1　试验与有限元结果

本小节主要针对 EDKBF1、EDKBF2 和 EDKBF3 这 3 种节点试件的试验结果和 ABAQUS 有限元软件的分析结果进行对比，主要分析节点的破坏机理、抗震耗能能力、承载能力以及延性等性能。试验结果与模拟结果如表 2-11 所示。

试验与有限元计算结果对比　　　　　　表 2-11

试件	EDKBF1		EDKBF2		EDKBF3	
	试验结果	有限元结果	试验结果	有限元结果	试验结果	有限元结果
破坏形式	耗能隔撑与梁连接部位断裂	耗能隔撑芯材两端部均发生破坏	耗能隔撑与梁连接部位断裂	耗能隔撑芯材两端部均发生破坏	梁柱节点梁上部盖板发生撕裂	梁柱节点梁上部盖板部位发生破坏
耗能隔撑屈服位移(mm)	5.8	5.7	5.79	5.93	—	—
耗能隔撑屈服荷载(kN)	96.5	109.8	53.1	65.8	—	—
试件梁柱屈服位移(mm)	11.44	11.47	11.63	11.52	−12.11	12.32
试件梁柱屈服荷载(kN)	161.6	167.2	77.3	76.9	111.9	109.71

对比分析耗能隔撑钢框架节点的试验结果和有限元计算结果可以发现，两者吻合度较好，但仍存在一定误差，分析原因可能为试件加工误差以及试件焊接时存在一定的扭转变形。

EDKBF1 节点试件试验破坏现象和有限元模拟结果对比如图 2-72 所示，从图中可以看出 EDKBF1 试验中耗能隔撑芯材与梁连接处发生断裂，此处有加劲肋但没有布置槽钢约束，为耗能隔撑芯材薄弱处；有限元模拟中耗能隔撑芯材与梁柱连接两端端末未布置槽钢约束处均发生断裂，试件处于理想状态，具有良好的对称性，所以芯材两端受力均匀，同时发生破坏，试验中由于耗能隔撑芯材本身材质的不均匀性，从最薄弱处发生破坏；试验和有限元模拟均在芯材端部发生破坏，两者吻合较好。

EDKBF2 节点试件试验破坏现象和有限元模拟结果对比如图 2-73 所示，与 EDKBF1 破坏现象相同，试验和有限元模拟均是耗能隔撑芯材与梁连接处发生破坏，两者吻合较好。

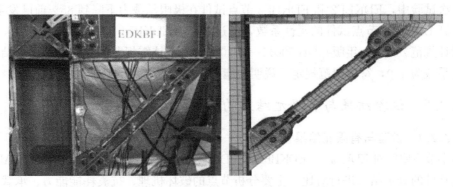

图 2-72　EDKBF1 试验和有限元模拟破坏现象对比

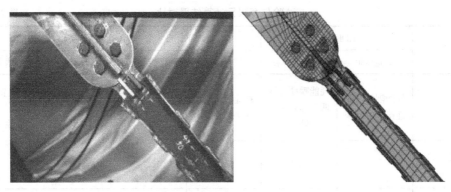

图 2-73　EDKBF2 试验和有限元模拟破坏现象对比

　　EDKBF3 节点试件试验破坏现象和有限元模拟结果对比如图 2-74 和图 2-75 所示，梁与柱连接部位的抗震盖板处首先撕裂，之后沿着柱方向延伸，直到整个界面断裂。有限元模拟中抗震盖板与柱连接处的中间部位应力首先达到最大，发生屈服，而后发生破坏，进而整个抗震盖板断裂；同时节点域发生屈曲破坏，破坏现象明显；柱翼缘同时发生弯曲，柱外侧翼缘屈曲现象明显，观测有限元模拟及试验现象，可以发现两者吻合较好。

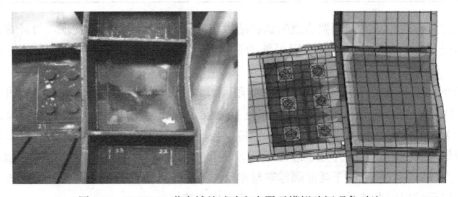

图 2-74　EDKBF3 节点域处试验和有限元模拟破坏现象对比

2.3.2.2　滞回性能的比较

　　将 3 个节点试件的试验及有限元模拟滞回曲线进行对比，结果如图 2-76 所示。两者

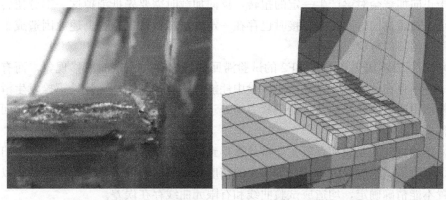

图 2-75　EDKBF3 抗震盖板处试验和有限元模拟破坏现象对比

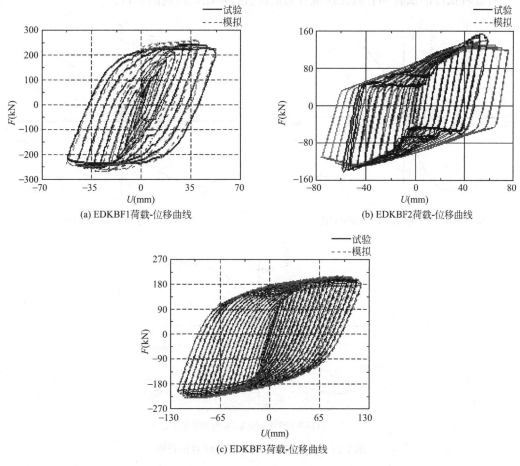

(a) EDKBF1荷载-位移曲线

(b) EDKBF2荷载-位移曲线

(c) EDKBF3荷载-位移曲线

图 2-76　3 种节点荷载-位移曲线

吻合度较好，证明 ABAQUS 有限元建立的模型计算结果可靠准确，两者有如下规律：

（1）试件 EDKBF1 比 EDKBF3 的滞回面积大，滞回性能相对较好，说明耗能隔撑的布置对节点滞回性能影响较为显著。

（2）由于考虑材料的包辛格效应，试验得到的滞回曲线的形心都发生了一定的偏移。

另外由于正向加载会对梁产生一定的扭转，反向加载时需要先抵消掉这一部分扭转变形才能继续正常加载，同时梁柱在焊接时也存在一定的扭转变形，综合上述原因造成了滞回曲线存在一定偏移的现象。

（3）试件 EDKBF1 和 EDKBF2 的试验滞回曲线均存在一定的滑移现象，而有限元模拟曲线中并不存在此现象，这是由于试验中耗能隅撑芯材与梁柱连接处螺栓发生滑移，而有限元模拟中连接摩擦系数及螺栓预紧力均处于理想状态，因此有限元模拟的滞回曲线未发生滑移。

（4）试验得到的曲线和有限元分析计算得到的曲线在形状上近似一致，但依旧存在一定误差，主要是试验过程中位移计等仪表的精度导致的，再加上焊缝的初始缺陷以及试验加载位置不能精确确定，均造成试验曲线和有限元曲线存在误差。

2.3.2.3 承载力的比较

将 3 种试件的试验和有限元模拟骨架曲线进行对比，得到图 2-77。

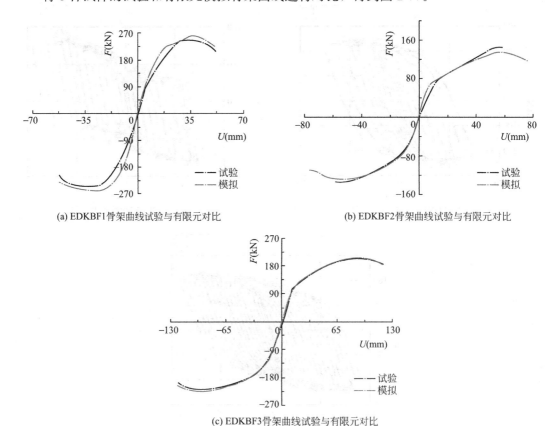

(a) EDKBF1骨架曲线试验与有限元对比   (b) EDKBF2骨架曲线试验与有限元对比

(c) EDKBF3骨架曲线试验与有限元对比

图 2-77　试验与有限元骨架曲线对比分析

同时将试验极限承载力及有限元模拟结果列于表 2-12，从图 2-77 和表 2-12 中可以看出，试验结果和有限元计算近乎一致，证明有限元结果与试验结果基本吻合，进而证明有限元模型的正确性。但是也存在一定偏差，这与试验中螺栓连接、焊缝处理、摩擦面处理及数据采集均有一定关系，但是两者吻合度依然良好，因此，在保证梁柱达到设计要求的前提下，通过在梁柱节点增设耗能隅撑试件可以提高节点的承载能力，EDKBF1 的承载能力高于 EDKBF3。同时，在铰接连接的梁柱节点附近布置耗能隅撑不仅可改变传统的梁柱节点连接方式，同时便于钢框架整体耗能。

试验与有限元极限承载力对比分析　　　　　　　表 2-12

试件	计算值 P_u(kN)	试验值 P_t(kN)	P_u/P_t
EDKBF1	261.6	250	1.05
EDKBF2	142.1	145.7	0.98
EDKBF3	225	211.8	1.06

2.3.3　耗能隅撑芯材截面计算公式

通过对耗能隅撑钢框架梁柱节点进行理论计算、有限元模拟分析和拟静力试验可以得出：耗能隅撑试件沿钢框架梁柱节点 45°布设、耗能隅撑试件在钢框架节点梁上的偏心距为 0.38、耗能隅撑试件与钢框架梁的刚度比值为 0.06 时，耗能隅撑钢框架节点耗能效果最佳，并通过公式 $\dfrac{1}{R_e}=\dfrac{1}{\dfrac{1}{R_e}-\dfrac{1}{R_{12}}-\dfrac{1}{R_{22}}}$ 计算耗能隅撑芯材刚度，依据上述比值可以得出：
$A_e/A_b=0.06$，又有 $EA=LK$，从而给出耗能隅撑芯材截面计算公式：

$$A_e=0.06A_b\frac{l_e}{l_b}\sqrt{\frac{f_y}{235}} \tag{2-28}$$

式中　A_e——耗能隅撑芯材截面积；

　　　A_b——钢框架梁截面积；

　　　l_e——耗能隅撑芯材有效长度；

　　　l_b——钢框架梁有效长度。

2.3.4　本节小结

通过对 3 种节点试件进行低周往复试验，研究了耗能隅撑钢框架节点的耗能性能，并与有限元模拟结果对比，得到如下结论：

（1）采用低屈服点的 Q235B 钢材作为钢框架梁柱连接的耗能隅撑芯材，形成耗能隅撑钢框架节点，小震时能够提高结构的刚度和承载能力，大震时耗能隅撑有足够的屈服变形来消耗地震能量，从而保护梁柱不进入塑性状态。耗能隅撑芯材平面外设置槽钢外围约束，保证其平面外不发生局部屈曲。

（2）耗能隅撑节点荷载-位移滞回曲线饱满，EDKBF1 滞回环呈梭形，包围面积大，表明节点的耗能能力强，抗震性能良好。EDKBF1 的耗能性能好于 EDKBF2 和 EDKBF3。

（3）EDKBF1 和 EDKBF2 在耗能隅撑试件芯材部位出现屈服后，刚度才开始出现退化，但退化缓慢。在梁柱主体结构屈服之后，刚度退化变化明显，在结构破坏时，EDKBF1 仍保持了相当大的刚度，满足抗震设计要求。

（4）EDKBF2 改变传统梁柱连接方式，将梁柱传统连接向装配式连接转变。

（5）耗能隅撑芯材截面计算公式为 $A_e=0.06A_b\dfrac{l_e}{l_b}\sqrt{\dfrac{f_y}{235}}$。

2.4 结论

根据耗能隅撑研究的理论基础，通过理论计算及有限元模拟，提出一种新型耗能隅撑节点钢框架形式，对其进行低周往复荷载作用下的拟静力试验，分析 3 种钢框架节点的耗能能力和破坏机理，得出相关结论。

（1）通过耗能隅撑钢框架节点低周往复荷载作用下的有限元分析得出：EDKBF1 在 EDKBF3 的基础上布设耗能隅撑，在提高承载力的同时，改善构件的耗能能力；EDKBF2 耗能隅撑的布设使得传统梁柱铰接节点转变为刚性域连接，使其在满足钢框架应用的同时，具有良好的耗能性能。

（2）通过耗能隅撑钢框架节点拟静力试验得出：EDKBF1 试件存在明显的两阶段屈服，即耗能隅撑芯材先行屈服，梁柱主体部分再进行屈服，使耗能隅撑能够很好地保护梁柱主体，同时可以得出 EDKBF1 具有最好的耗能能力和最高的承载能力；EDKBF2 试件具有良好的耗能能力，耗能隅撑的布置可以使钢框架体系实现可装配式连接；EDKBF3 试件表现了传统梁柱节点的耗能能力。

（3）分析耗能隅撑钢框架节点试验结果得出：对于 EDKBF1，荷载-位移滞回曲线饱满，同时当试件达到极限状态时，仍然保持了 51% 左右的初始刚度，表明 EDKBF1 具有良好的抗震能力；EDKBF1 等效黏滞阻尼系数大于 EDKBF2 和 EDKBF3，表明 EDKBF1 具有更好的抗震性能。

（4）通过对比耗能隅撑钢框架节点试验结果和有限元模拟结果得出：试验结果和有限元分析结果具有很高的吻合度，为后续耗能隅撑其他参数分析提供理论参考。

（5）依据计算及有限元模拟给出耗能隅撑芯材截面计算公式：$A_e = 0.06 A_b \dfrac{l_e}{l_b} \sqrt{\dfrac{f_y}{235}}$。

第3章　耗能隅撑钢框架的抗震性能研究

3.1　耗能隅撑节点的有限元模拟

3.1.1　试件的尺寸设计及模型建立

本模型耗能隅撑节点的梁柱截面尺寸选自沈阳某多层钢框架结构试件，耗能隅撑节点的梁、柱尺寸分别为焊接工字形 H350×175×7×11（单位：mm）、H250×250×9×14（单位：mm），梁、柱构件长度分别为 1200mm、1600mm，耗能隅撑几何尺寸为 800mm×60mm，偏心距 e_1 为 720mm、e_2 为 480mm。根据《建筑抗震设计规范》（2016 年版）GB 50011—2010 关于支撑框架体系的抗震构造要求，同时参考 Modid 等人针对耗能隅撑框架体系进行优化后得到的相关结论，即为了使节点性能达到最佳，耗能隅撑的布置位置尽量与框架对角线平行。模型中耗能隅撑采用低屈服点的 Q235B 钢材，梁柱采用 Q345B 钢材。梁与柱节点采用刚性连接，耗能隅撑与梁柱采用刚接连接，在耗能隅撑板两面增设加劲肋防止平面外失稳。梁与柱采用对接焊缝（全熔透的坡口焊）连接，焊缝质量为一级，焊接材料采用 E50 型焊条。其余与耗能隅撑连接的焊缝均采用角焊缝连接，按等强度原则设计，焊接材料采用 E43 型焊条。耗能隅撑节点图和有限元模型如图 3-1 所示。

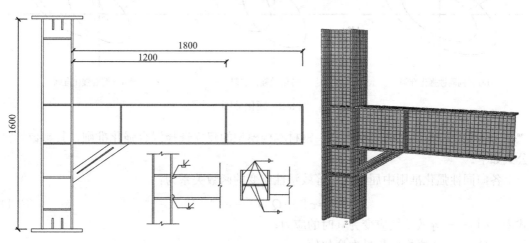

图 3-1　耗能隅撑节点图和有限元模型

3.1.2　钢材本构

材性试件分别从试验用梁、柱、耗能隅撑中取样，通过刨边消除火焰切割的热影响区。拉伸试验在 500kN 拉力机（图 3-2）上完成。

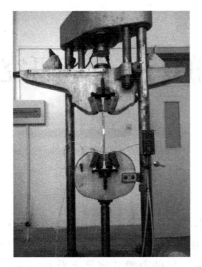

图 3-2 材性试验装置

在 ABAQUS 软件中定义材料塑性时,必须采用真实应力和真实塑性应变。名义应变、应力与真实应变、应力之间可以通过第 2 章式(2-21)~式(2-23)进行转换。

为了模拟地震作用,需要对模型进行低周往复荷载加载,对于钢材的循环硬化准则即 Von Mises 流动法则,常用的有各向同性强化准则、随动强化准则以及混合强化准则。各向同性强化准则允许屈服后的屈服面膨胀或者收缩,如图 3-3(a)所示,对单调加载工况比较适用,在往复荷载作用下反向加载时钢材不会出现塑性应变软化即包辛格效应。随动强化准则允许后继屈服面在应力空间中发生刚体平动,但不能转动,后继屈服面的大小、形状和方向不发生变化,如图 3-3(b)所示,反向加载时能够发生很小的应变软化。前两者在复杂的循环荷载工况下都不能真实地反映钢材的恢复力特性。

混合强化准则结合了前两种强化理论优点,其后继屈服面既能发生均匀膨胀或收缩也能发生刚体平动,如图 3-3(c)所示,能够反映钢材的包辛格效应和屈服平台等真实的力学特性。

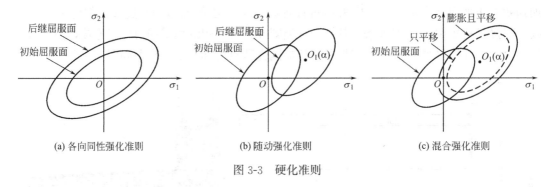

(a) 各向同性强化准则   (b) 随动强化准则   (c) 混合强化准则

图 3-3 硬化准则

为了充分考虑钢材的力学性能,钢材本构模型的建立选择混合强化准则,其参数计算公式如下。

各向同性强化准则中屈服面与等效塑性应变的函数关系为:

$$\sigma^0 = \sigma|_0 + Q_\infty (1 - e^{-b_{iso}\bar{\varepsilon}_p}) \tag{3-1}$$

式中 $\sigma|_0$——等效塑性应变为 0 时的应力;

Q_∞——屈服面面积最大变化值;

b_{iso}——屈服面随塑性应变变化的比率。

第 i 圈的屈服面为:

$$\sigma_i^0 = \sigma_i^t - \frac{\sigma_i^t + \sigma_i^c}{2} = \frac{\sigma_c^t - \sigma_i^c}{2} \tag{3-2}$$

$$\widetilde{\varepsilon}_p = \frac{1}{2}\Delta\varepsilon_p(4i-3) \tag{3-3}$$

$$\Delta\varepsilon_p = \Delta\varepsilon - 2\sigma_i^t/E \tag{3-4}$$

式中　σ_i^t——最大拉应力；

σ_i^c——最大压应力。

等效塑性应变为：

将数据点（$\tilde{\varepsilon}_p$，σ_i^0）以及 $\sigma|_0$ 的值进行数据拟合，拟合成式（3-1）形式的曲线，进而可得到 Q_∞、b_{iso} 的值。

随动强化准则中背应力的函数关系式为：

$$\alpha_k = \frac{C_{kin,k}}{\gamma_k}(1 - e^{-\gamma_k \varepsilon_p}) + \alpha_{k,1}e^{-\gamma_k \varepsilon_p} \tag{3-5}$$

$$\alpha_i = \sum_{k=1}^{N} \alpha_k \tag{3-6}$$

$$\alpha_i = \sigma_i - \frac{(\sigma_1 + \sigma_n)}{2} \tag{3-7}$$

随动强化准则的塑性应变表达式为：

$$\varepsilon_i^p = \varepsilon_i - \frac{\sigma_i}{E} - \varepsilon_p^0 \tag{3-8}$$

其中，$\varepsilon_i^p = 0$；$\tilde{\varepsilon}_p$ 是随动强化准则应力-应变曲线中应力为 0 时的塑性应变值。对试验数据（ε_i^p，a_i）进行数值拟合，然后与式（3-5）进行校对，得到参数 $C_{kin,k}$ 和 γ_k 的值。通过上述公式所得混合强化准则的钢材本构模型如表 3-1 所示。

混合强化准则的钢材本构模型　　　　　　　　　　表 3-1

型号	$\sigma|_0$	Q_∞	b_{iso}	c_1	γ_1	c_2	γ_2	c_3	γ_3
Q345B	429	21	1.2	7993	175	6773	116	2854	34
Q235B	215	198	5	16061	151	315	15.8	64	3.5

3.1.3　相互作用及单元选择

耗能隔撑与梁柱的连接采用 tie 绑定，使耗能隔撑两端的自由度与梁柱相同，以此来模拟试验中的焊接作用。梁柱单元选择 C3D8I 非协调单元，该单元当翘曲较小时，位移和应力很精确，而且能很好地避免剪切自锁现象。耗能隔撑单元选择 C3D8R 减缩积分单元。由于耗能隔撑两端存在单元扭曲，不能选择减缩积分单元而 C3D8R 对扭曲不敏感，故选用此次单元。

3.2　低周往复荷载下耗能隔撑钢框架的抗震性能分析

本节主要研究耗能隔撑钢框架在单调静力荷载作用下的受力过程和低周往复荷载作用下耗能能力、耗能机理、破坏形式以及延性性能、刚度退化等恢复力特性，评价耗能隔撑钢框架的抗震能力。采用有限元软件 ABAQUS 模拟两层两跨、两种不同耗能隔撑约束的钢框架在单调荷载工况和循环往复荷载工况下的受力、变形、破坏等过程，对结果进行分析并与纯钢框架进行对比分析。

3.2.1 耗能隅撑钢框架有限元模型尺寸设计

梁柱截面尺寸是根据某工程实例得来，分别为 H350×150×7×11（单位：mm）、H300×300×10×15（单位：mm）。耗能隅撑的截面是依据杨磊《耗能隅撑节点的抗震性能研究》论文所给的建议值设计的，为 80mm×8mm，长度为 952mm。柱脚及耗能隅撑节点板按构造设计，依据耗能隅撑节点的破坏模式，即耗能隅撑与梁柱连接处发生破坏，耗能隅撑节点板是对耗能隅撑两端与梁柱连接处加强的构造措施，避免耗能隅撑与梁柱连接处先发生破坏，使耗能隅撑的功能未能充分发挥出来。耗能隅撑钢框架各部件的尺寸如图 3-4 所示。梁、柱的钢材型号为常用的 Q345B，耗能隅撑采用低屈服点的软钢 Q235B。柱脚及耗能隅撑节点板都采用 Q345B。

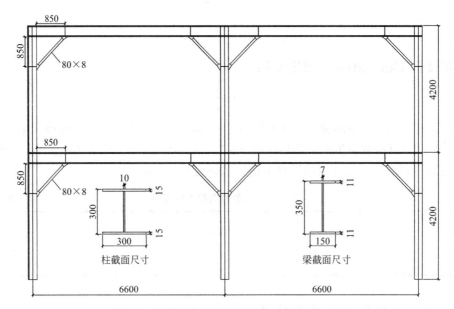

图 3-4　耗能隅撑钢框架的尺寸（单位：mm）

3.2.2 耗能隅撑钢框架的有限元模型

耗能隅撑钢框架 ABAQUS 有限元模型的梁、柱、耗能隅撑的钢材本构，以及梁、柱之间的相互作用，梁柱与耗能隅撑之间的相互作用，边界条件，梁、柱、耗能隅撑、节点板等的单元类型选择以及其他模型参数等与第 2 章耗能隅撑节点的有限元模型相同。为了很好地体现耗能隅撑钢框架的承载力、抗侧移能力、耗能能力等提高的程度，增加一个两层两跨的纯钢框架进行对比分析。其中纯钢框架的跨度和高度，梁、柱以及柱脚的尺寸和钢材，都与耗能隅撑钢框架的相同。纯钢框架的有限元模型的参数也与第 2 章耗能隅撑节点的有限元模型相同，钢框架有限元模型如图 3-5 所示。

3.2.2.1 屈曲约束隅撑钢框架有限元模型

屈曲约束隅撑是为了防止耗能隅撑发生平面内或平面外的失稳破坏即屈曲。为了模拟屈曲约束隅撑的屈曲约束行为，即主要发生轴向的变形，将支撑简化成一个单元，即网格比较粗的单元。因为粗网格单元会出现剪力自锁的现象，所以此时耗能隅撑只会发生轴向

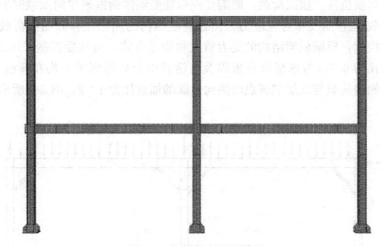

图 3-5　钢框架有限元模型

的拉伸变形，以此来模拟屈曲约束支撑的屈曲约束行为。屈曲约束隅撑钢框架有限元模型如图 3-6 所示。

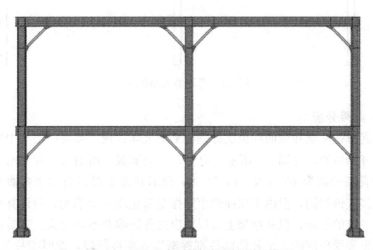

图 3-6　屈曲约束隅撑钢框架有限元模型

3.2.2.2　新型的耗能隅撑钢框架

在屈曲约束隅撑的基础上，提出一种新型的耗能隅撑构件，通过两块表面光滑的钢板将耗能隅撑板夹住，来限制其在平面外的弯曲变形即弱轴的失稳，允许其发生平面内的弯曲变形。相比屈曲约束隅撑，它在实际工程应用中更容易实现，而且制作简单方便。为了简化计算，这种约束机制可以通过 ABAQUS 的边界条件限制隅撑的平面外位移来实现。

3.2.3　耗能隅撑钢框架的单调静力加载分析

3.2.3.1　加载方式

根据电子情况控制系统（ECCS）的安全加载制度，在循环往复加载之前要确定耗能隔撑钢框架的屈服位移、屈服荷载，则需要模拟耗能隔撑钢框架单向加载时的行为，由单向加载所得荷载-位移曲线和对应应力云图来确定结构的屈服位移和屈服荷载。单调静力加载采用荷载控制，根据框架结构的受力情况和传递方式，边柱顶控制轴压比为0.3，中柱顶控制轴压比为0.5，考虑楼板自重以及与活载组合后得到梁上均布荷载为20kN/m。一层加载点的侧向荷载与二层加载点的侧向荷载的加载比为1：2，图3-7所示为单调静力加载图。

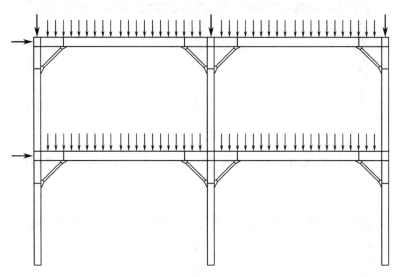

图 3-7　单调静力加载图

3.2.3.2　结果分析

　　新型耗能隔撑钢框架和屈曲约束隔撑钢框架的破坏过程，都是一层与中柱连接的受压侧的耗能隔撑开始屈服，如图3-8所示。此时，一层加载点所对应的位移分别为2.1mm、2.7mm，对应荷载分别为10.5kN、14.51kN，此时耗能隔撑没有发生弯曲变形，理论上两者的屈服位移应该相同，但由于屈曲约束隔撑是简化成一个单元，对计算精度有一定的影响，造成了一定的误差，但从结果上可以看出这种影响并不是太大。随着荷载增加，两种耗能隔撑钢框架受压侧的4个耗能隔撑都逐渐进入塑性阶段，此时梁柱处于弹性阶段；继续加载，一层与中柱相连的受拉侧的耗能隔撑开始屈服，如图3-9所示，与此同时新型耗能隔撑钢框架的受压隔撑发生平面内的弯曲变形，而梁柱仍处于弹性状态，此时，一层加载点所对应的位移分别为20.27mm、22.34mm，对应的荷载为85.51kN、91.5kN。继续加载，两种耗能隔撑钢框架的梁柱节点域进入塑性，如图3-10所示。各钢框架所对应的屈服位移和屈服荷载如表3-2所示。从表中数据可以看出两种耗能隔撑钢框架屈服位移和屈服荷载几乎相同。继续加载，两种耗能隔撑的塑性区域继续发展，而梁柱边跨的梁与耗能隔撑连接处的上翼缘发生较大塑性变形，然后是柱脚屈曲，对应的破坏如图3-11所示，从破坏图可以看出耗能隔撑的布设能减弱边跨梁柱连接处的应力分布，增加了耗能隔撑与梁连接处的应力（由于ABAQUS软件的局限性，显示的Mises应力的等值线图的最大应力超过钢材的屈服极限强度580N/mm²，出现的位置在梁端外节点处，这是由于单元内应力分量从积分点外推到节点位置，其应力差值落在指定的平均门槛值之内，则围绕节点的单元应力不变量超出了弹性极限，引起了外推节点应力高出积分点应力，单独提取该单元的各积分点应力均超过钢材的屈服极限强度）。

		各钢框架的梁柱屈服位移和屈服荷载	表 3-2

类别	加载点	位移(mm)	荷载(kN)
新型耗能隔撑钢框架	一层	27.14	111.51
	二层	64.66	222.03
屈曲约束隔撑钢框架	一层	26.64	107.51
	二层	63.46	215.03
纯钢框架	一层	18.42	53.78
	二层	45.89	107.56

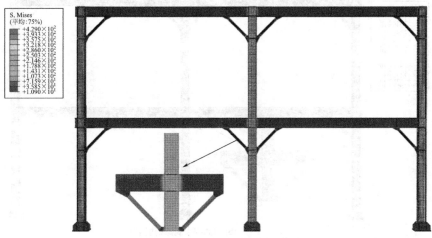

(a) 新型耗能隔撑钢框架

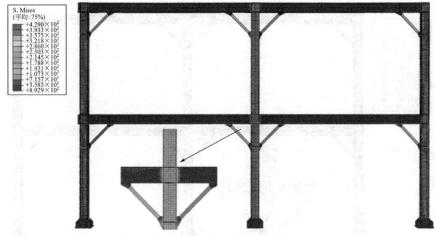

(b) 屈曲约束隔撑钢框架

图 3-8　受压侧耗能隔撑屈服时的应力云图

耗能隅撑钢框架结构性能与设计

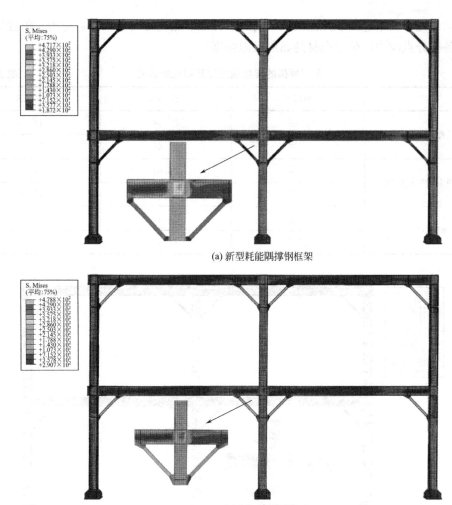

(a) 新型耗能隅撑钢框架

(b) 屈曲约束隅撑钢框架

图 3-9　受拉侧隅撑屈服时的应力云图

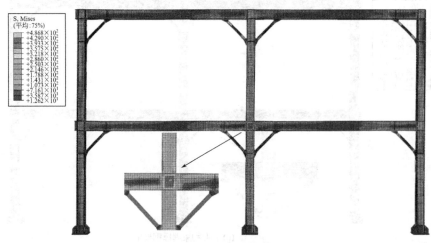

(a) 新型耗能隅撑钢框架

图 3-10　节点域屈服时的应力云图（一）

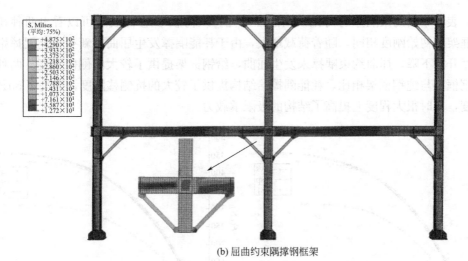

(b) 屈曲约束隔撑钢框架

图 3-10　节点域屈服时的应力云图（二）

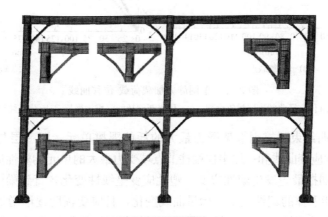

(a) 新型耗能隔撑钢框架

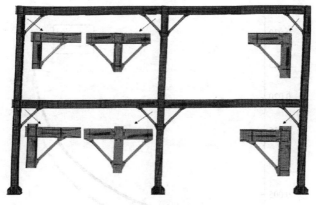

(b) 屈曲约束隔撑钢框架

图 3-11　钢框架破坏图

在加载初期，即整个结构都处于弹性状态时，耗能隔撑没有达到临界失稳应力，不会发生平面内、外弯曲，因此两种耗能隔撑都只发生轴向变形，理论上两种曲线应该重合。通过图 3-12 所示的单调静力加载荷载-位移曲线可以看出两种耗能隔撑钢框架的曲线几乎重合，表明屈曲约束隅撑的简化模型的准确性。从荷载-位移曲线还可以看出两种耗能隅撑钢框架的初始刚度相同，随着荷载增大，由于耗能隅撑发生屈曲，新型耗能隅撑钢框架的刚度开始下降，屈曲约束隅撑未发生屈曲，给钢框架提供了较大的侧向刚度。两种耗能隅撑钢框架与纯钢框架相比，耗能隅撑给结构提供了较大的抗侧移刚度，提高了50％的初始刚度，同时很大程度上提高了结构的极限承载力。

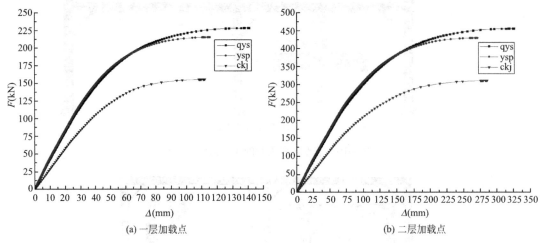

(a) 一层加载点　　　　　　　　　(b) 二层加载点

图 3-12　单调静力加载荷载-位移曲线

注：qys 代表屈曲约束隅撑钢框架，ysp 代表新型耗能隅撑钢框架，ckj 代表纯钢框架。

图 3-13 为屈曲约束隅撑钢框架受力最大的耗能隅撑单元，即一层与中柱连接的受压侧耗能隅撑的塑性应变曲线和一层中柱梁柱节点域受力最大的单元的塑性应变曲线。从图 3-13 可看出，耗能隅撑最先发生塑性应变。塑性应变呈线性变化，直到梁柱节点处单元发生塑性应变后，耗能隅撑的塑性应变开始呈曲线变化，且应变幅度逐渐增加。梁柱的塑性应变加剧了耗能隅撑的塑性应变率，耗能隅撑和梁柱相互协调塑性变形而进行耗能。

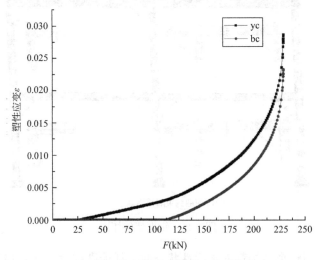

图 3-13　关键部位的塑性应变曲线

注：yc 代表耗能隅撑部件，bc 代表梁柱部件。

3.2.4　耗能隔撑钢框架的低周往复加载分析

低周往复加载制度（图 3-14）：钢框架的竖向加载与单调静力加载相同，只是将横向的单调推力换为循环往复的位移加载，位移采用梁柱节点屈服时各层加载点所对应的位移，循环的幅值为 0.25Δ、0.5Δ、0.75Δ、Δ、1.5Δ、2Δ、2.5Δ、3Δ 等。

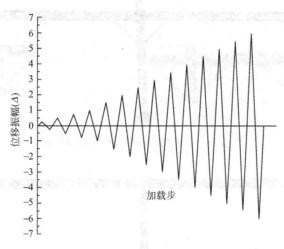

图 3-14　加载制度

3.2.4.1　耗能隔撑钢框架的破坏形式

根据有限元分析结果，两种形式耗能隔撑钢框架的主体结构（如梁柱）破坏形式类似，只是耗能隔撑的破坏形式不同。新型耗能隔撑钢框架的耗能隔撑板发生平面内的弯曲变形，屈曲约束隔撑发生轴向拉、压破坏，如图 3-15、图 3-16 所示。与钢框架的破坏图 3-17 对比分析，纯钢框架的破坏主要发生在梁与柱的连接处，而两种耗能隔撑钢框架的破坏主要发生耗能隔撑和耗能隔撑与梁连接处，其次才是梁柱连接处，则表明两种耗能隔撑的布设能很好地保护梁柱节点，达到"强节点，弱构件"的设计要求。

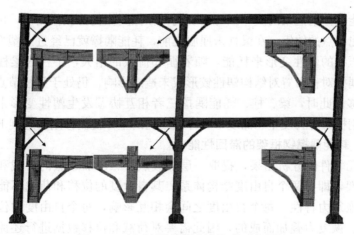

图 3-15　新型耗能隔撑钢框架的破坏图

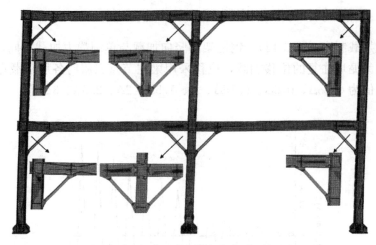

图 3-16 屈曲约束隅撑钢框架的破坏图

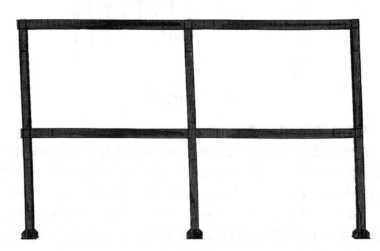

图 3-17 钢框架的破坏图

从两种耗能隅撑钢框架的破坏图可以发现：在低周往复荷载作用下，由于屈曲约束隅撑采用的是低屈服点的软钢，在梁柱未屈服之前，耗能隅撑就已经进入塑性，通过耗能隅撑轴向拉伸和压缩的塑性变形来耗能，随着循环荷载的增大，中柱的梁柱节点域开始屈服，由于耗能隅撑对称布置对结构塑性铰形成未造成影响，仍处于梁柱节点域处，边柱的塑性铰向梁偏移，此时，梁、柱、耗能隅撑三者相互协调发生塑性变形来耗散能量。最后，耗能隅撑钢框架柱脚发生屈曲变形，导致结构的整体抗侧移刚度急剧下降。

3.2.4.2 耗能隅撑钢框架的滞回性能

根据有限元软件的分析结果，提取一层加载点、二层加载点的荷载和位移数据。由于是两层钢框架，即有两个自由度结构体系，其自由度的位移和荷载不能直接反映结构的变形能力和恢复力特性。每个自由度之间会相互影响，每个自由度的位移和荷载的结果是结构变形、恢复力叠加而成的，因此需要对荷载和位移数据进行还原处理，处理公式如下：

$$s_1 = S_1, \ f_1 = F_1 + F_2 \tag{3-9}$$

$$s_2 = S_2 - S_1, \quad f_2 = F_2 \qquad (3-10)$$

式中　S_1、F_1、S_2、F_2——分别是两个自由度上相对应的位移和荷载；

　　　　s_1、f_1、s_2、f_2——分别是两个单自由度结构刚度所对应的结构变形和恢复力。

将上述处理后的荷载-位移数据绘制成能反映单个自由度变形能力和恢复力的荷载-位移曲线即为滞回曲线。它反映结构在低周往复荷载作用下的承载力、刚度、耗能能力、延性性能等力学性能。

3 种不同钢框架的滞回曲线如图 3-18～图 3-20 所示。

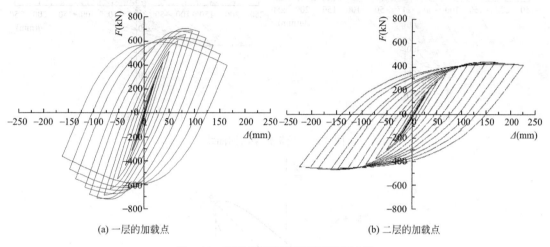

(a) 一层的加载点　　　　　　　　　　　(b) 二层的加载点

图 3-18　新型耗能隅撑钢框架滞回曲线

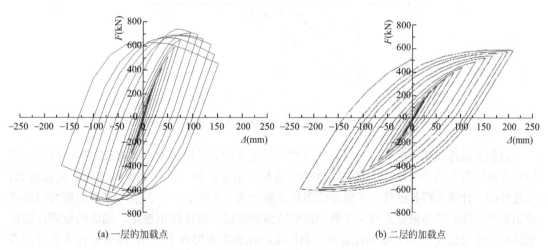

(a) 一层的加载点　　　　　　　　　　　(b) 二层的加载点

图 3-19　屈曲约束隅撑钢框架滞回曲线

3.2.4.3　耗能隅撑钢框架的等效黏滞阻尼系数

等效黏滞阻尼系数能够反映结构的耗能能力，有效地评价结构的抗震性能，等效黏滞阻尼系数越大，表明结构的耗能能力越好、抗震性能越好。荷载-位移曲线的每个滞回环所包围的面积代表着结构所耗散的能量。等效黏滞阻尼系数 h_e 通过结构耗散的能量除以名义弹性势能所得，具体的计算如下（图 3-21）：

$$h_{\mathrm{e}} = \frac{1}{2\pi} \cdot \frac{S_{\mathrm{ABCD}}}{S_{(\triangle \mathrm{BOE} + \triangle \mathrm{DOF})}} \tag{3-11}$$

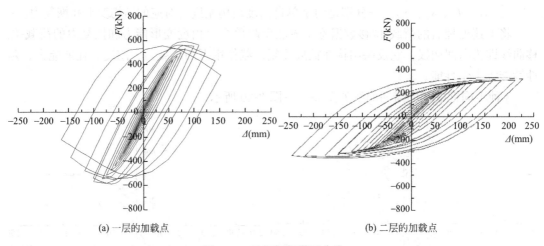

(a) 一层的加载点　　　　　　　　　(b) 二层的加载点

图 3-20　纯钢框架滞回曲线

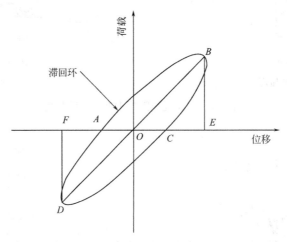

图 3-21　等效黏滞阻尼系数计算图

根据各试件的滞回曲线，一层加载点的滞回曲线有下降段。本小节将选取各试件的一层加载点峰值最大的滞回环来计算各试件的等效黏滞阻尼系数，以此来评估结构的耗能能力、抗震性能。计算所得各试件的等效黏滞阻尼系数如表 3-3 所示。从表中可以看出屈曲约束隅撑钢框架的等效黏滞阻尼系数大于新型耗能隅撑钢框架，相比纯钢框架，屈曲约束隅撑钢框架的耗能能力提高 13%，新型耗能隅撑钢框架的耗能能力提高了 6%，则表明耗能隅撑的弯曲变形在一定程度上影响结构的耗能，屈曲约束隅撑钢框架具有很好的耗能能力。

等效黏滞阻尼系数　　　　　　　　　　　　　表 3-3

试件	屈曲约束隅撑钢框架	新型耗能隅撑钢框架	纯钢框架
h_{e}	0.3578	0.3356	0.3168

3.2.4.4　耗能隅撑钢框架的骨架曲线

骨架曲线是将滞回曲线的每个滞回环的上、下两个峰值点连接而成的一条曲线。它能反映结构在每个阶段的受力与变形的特点，以及结构的极限承载力、刚度变化、刚度退化、延性性能等。各试件的骨架曲线如图 3-22 所示。

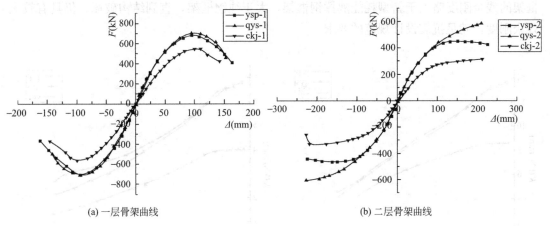

(a) 一层骨架曲线　　　　　　　　　　　(b) 二层骨架曲线

图 3-22　各试件的骨架曲线

从骨架曲线可以看出，耗能隔撑的布设很大程度上提高了结构的抗侧移刚度，以及极限承载力，其中屈曲约束隔撑给结构提供的刚度和承载力最大，而且比较稳定。两种不同的约束机制的耗能隔撑钢框架初始刚度几乎相同，由于初始阶段的两种耗能隔撑的变形状态相同，耗能隔撑未发生屈曲，变形主要受轴力影响。随着荷载增大，新型耗能隔撑的刚度相对屈曲约束隔撑开始下降，是因为新型耗能隔撑发生了平面内屈曲变形，导致刚度退化以及承载力降低。随着荷载继续增大，各试件的一层加载点的骨架曲线开始下降，主要由于柱脚处的柱翼缘发生屈曲。从二层加载点的骨架曲线可以看出，屈曲约束隔撑钢框架和纯钢框架的刚度一直递增，而新型耗能隔撑钢框架的刚度后期下降，主要是耗能隔撑过大的弯曲变形所致。

3.2.4.5　耗能隔撑钢框架的刚度退化

刚度退化是指随着循环荷载不断增加，结构的刚度开始逐渐降低的过程，它反映了结构体系的弹塑性变化过程，以及结构的抗震性能。当结构体系处于弹性状态时，结构体系在循环荷载作用下发生可恢复的弹性变形，结构体系几乎没有发生刚度退化；当结构进入屈服阶段时，结构体系发生不可恢复的塑性变形，结构刚度开始退化，随着循环次数和荷载不断增加，材料的损伤累积也不断增加，结构的刚度退化越来越明显。刚度退化的变化过程可以采用割线刚度体现，如下式所示。

$$K = \frac{P_1 + P_2}{\Delta_1 + \Delta_2} \tag{3-12}$$

式中　Δ_1、Δ_2——分别为滞回环正向、负向最大位移的绝对值；
　　　P_1、P_2——分别为滞回环所对应的峰值荷载的绝对值。

通过式（3-12）得到各试件的刚度退化曲线如图 3-23 所示，从刚度退化曲线可以看出耗能隔撑钢框架在很小位移时就有刚度退化，主要是由于耗能隔撑的屈服位移很小，此时耗能隔撑的塑性变形降低了结构刚度。随着位移逐渐增大，结构的刚度退化越来越明显，刚度退化幅度越来越大，主要是梁柱的塑性变形以及耗能隔撑完全塑性和屈曲所致。对比新型耗能隔撑和屈曲约束隔撑钢框架的二层刚度退化曲线，可以看出随着循环荷载的增加，前者的刚度退化较后者颇为严重，主要是前者的耗能隔撑板的平面内屈曲所导致的，则表明耗能隅撑的约束行为能够减缓结构刚度退化过程。由于一层柱脚发生屈曲，其刚度退化相比二层较为严重。从刚度退化曲线可以看出，随着荷载逐渐增加，屈曲约束隅撑钢框架的残余刚度略大于新型耗能隅撑钢框架，大于纯钢框架，直到结构破坏，仍具有较大残余刚度，满足抗震设计规范的要求。

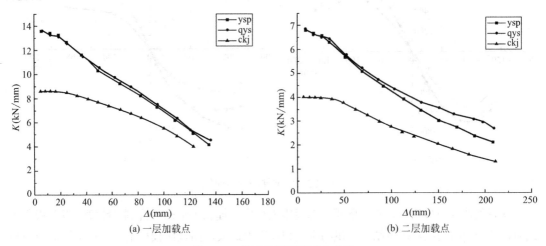

(a) 一层加载点　　　　　　　　　　(b) 二层加载点

图 3-23　各试件的刚度退化曲线

3.2.4.6　耗能隅撑钢框架的延性性能

结构的延性性能是指结构的构件在各种荷载作用下从进入塑性开始，到达结构的最大承载能力或到达结构最大承载力以后继续加载而最大承载能力没有太多下降期间的结构的变形能力。结构的延性性能越好，结构的构件进入塑性或达到最大承载力后，结构仍能吸收大量能量，则结构的耗能性能也就越好，反之，结构的耗能性能越差。延性的好坏通常用延性系数来表示，延性系数越大则延性性能越好，反之，就越差。延性系数也是评价结构抗震性能的重要指标。通常采用式（2-27）计算结构的延性系数。

通过计算，新型耗能隅撑钢框架和屈曲约束隅撑钢框架的延性系数分别为 4.87 和 5.15。两者都大于建筑抗震规范中对框架结构的抗震延性系数 4.0，符合《建筑抗震设计规范》（2016 年版）GB 50011 的规定。说明耗能隅撑钢框架的延性性能良好。

3.2.5　本节小结

本节通过有限元分析软件对两层两跨的耗能隅撑钢框架进行数值模拟，研究了耗能隅撑钢框架的抗震性能，以及耗能隅撑板的约束行为对耗能隅撑钢框架的抗震性能的影响。具体结论如下：

（1）采用低屈服点软钢的耗能隅撑板布设在梁柱节点而形成新型的框架结构体系——耗能隅撑钢框架，在正常使用时能够很大程度地提高结构的刚度和极限承载能力，在地震作用时通过耗能隅撑板大量的塑性变形来耗散地震能量，延缓了梁柱进入塑性状态的时间，进而保护了结构的主要构件。

（2）耗能隅撑钢框架的荷载-位移曲线即滞回曲线比较饱满，滞回环呈梭形，包围面积大，表明耗能隅撑钢框架的耗能能力比较好，抗震性能良好。对比新型耗能隅撑钢框架和屈曲约束隔撑钢框架在单调加载和循环加载两种工况的受力变形行为，加载初期耗能隔撑应力没有达到临界失稳应力时，两者的荷载-位移曲线重合度很好，表明屈曲约束隔撑的单元假定的准确性；随着荷载的加大，新型耗能隔撑发生平面内弯曲变形，屈曲约束隔撑在提高结构极限承载力、刚度、耗能能力、延性性能等方面优于新型耗能隔撑钢框架，明显优于纯钢框架，则屈曲约束隔撑钢框架具有更好的抗震性能。

（3）当耗能隔撑板进入塑性状态后，耗能隔撑钢框架的刚度开始出现比较小的退化，退化幅度比较缓慢。当耗能隔撑钢框架的主体构件，即梁柱进入塑性状态后，耗能隔撑钢框架的刚度退化开始变化明显，退化幅度较快，但结构破坏时，耗能隔撑钢框架仍具有相当大的刚度，符合抗震设计的要求。

3.3 耗能隔撑钢框架的隔撑参数研究

我们已经知道屈曲约束隔撑钢框架具有很大的承载力、刚度，以及良好的延性性能、耗能能力、抗震性能等优点。在正常使用下，屈曲约束隔撑的布设能给钢框架提供很大的强度和刚度；在地震作用下，耗能隔撑先于主体结构屈服，发生轴向拉伸或压缩的塑性变形来耗散地震能量，进而也保护了主体结构。因此，在耗能隔撑钢框架的设计中，耗能隔撑参数设计一定要特别慎重。合理的耗能隔撑参数设计才能使耗能隔撑钢框架的耗能性能以及抗震性能达到最优。本节主要探究各种屈曲约束隔撑参数对耗能隔撑钢框架的抗震性能的影响，分析其主要因素，为耗能隔撑钢框架的抗震设计提供依据。

本节主要研究屈曲约束隔撑与梁的角度，耗能隔撑的长度、刚度等因素对耗能隔撑钢框架的抗震性能的影响，建立相关参数变化模型，并给出设计建议值。

3.3.1 耗能隔撑与梁的角度参数

为了分析耗能隔撑与梁的角度参数对耗能隔撑钢框架的抗震性能的影响，设计了 3 种常见的耗能隔撑与梁的夹角——30°、45°、60°，其中 30°耗能隔撑布设也是耗能隔撑按框架的对角线布设，且耗能隔撑的其他参数如长度、截面刚度、材料属性等都相同。图 3-24 展示了 3 种不同夹角的模型，图中的梁柱尺寸、柱脚以及耗能隔撑节点板设计尺寸如表 3-4 所示。由于屈曲约束隔撑能够给钢框架结构提供更大的强度、刚度以及具有更好的耗能能力和抗震性能等，因此本节耗能隔撑采用屈曲约束隔撑，屈曲约束隔撑的简化模型与之前的屈曲约束隔撑相同。

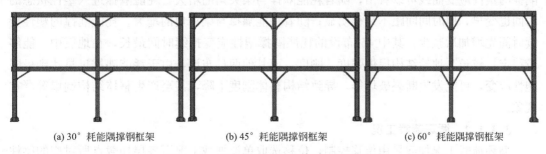

(a) 30°耗能隔撑钢框架   (b) 45°耗能隔撑钢框架   (c) 60°耗能隔撑钢框架

图 3-24   不同角度的耗能隔撑钢框架模型

不同角度的耗能隔撑钢框架设计参数 表 3-4

模型	A	B	C
角度(°)	30	45	60
截面尺寸	梁截面(mm)	柱截面(mm)	耗能隔撑截面(mm)
	350×175×7×11	300×300×10×15	80×8
几何尺寸	跨度(mm)	高度(mm)	长度(mm)
	6600	4200	1200

3.3.1.1 单调荷载工况

通过有限元软件计算 3 种耗能隔撑与梁不同夹角时在单调加载工况下的受力情况，其中单调加载采用力控制，其他的边界条件和加载方式都与 3.2 节相同。根据有限元分析结果得到各层加载点的荷载-位移曲线，以及关键部位的应力、应变变化曲线，以此来反映不同耗能隔撑角度参数对结构的强度、刚度和承载力以及破坏形式的影响。

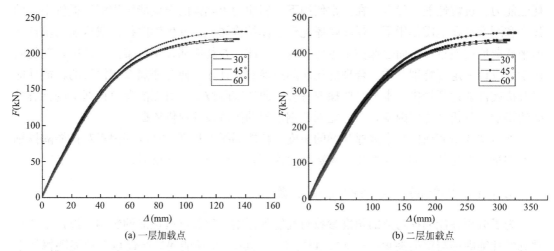

(a) 一层加载点　　　　　　　　　(b) 二层加载点

图 3-25　荷载-位移曲线

从图 3-25 单调荷载-位移曲线可以看出，整体曲线呈递增特性，但 45°布设的耗能隔撑钢框架承载力和刚度明显高于其他两种角度布设的钢框架，从单调曲线可以看出随着耗能隔撑与梁的夹角的增大，耗能隔撑钢框架的刚度和承载力先增加再降低。从图 3-26 耗能隔撑的塑性应变曲线可以看出，随着耗能隔撑与梁夹角的增大，耗能隔撑进入塑性状态的时间也变早，但时间间距不是很明显；随着耗能隔撑与梁夹角的增大，耗能隔撑的塑性持续时间先增加后减少，其中 45°布设的耗能隔撑塑性应变持续时间最长，在地震中，能够较稳定、较长久地给结构提供强度、刚度；而其他两种布设，由于耗能隔撑过早达到极限塑性应变，可能发生断裂破坏等，导致结构整体刚度下降，甚至产生整体结构倒塌等严重现象。

3.3.1.2 循环荷载工况

循环荷载工况加载采用位移控制，位移选取单调加载工况下各层加载点所对应的梁柱屈服位移，加载机制与之前章节相同，循环的幅值为 0.25Δ、0.5Δ、0.75Δ、Δ、1.5Δ、

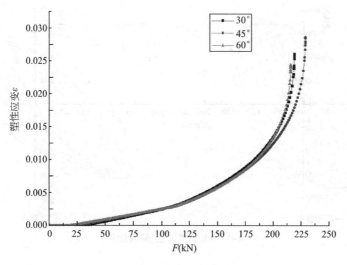

图 3-26　耗能隔撑塑性应变曲线

2Δ、2.5Δ、3Δ 等。根据有限元分析结果得到不同耗能隔撑角度参数的荷载-位移曲线，以此来分析耗能隔撑角度参数对耗能隔撑钢框架的耗能能力、刚度退化、延性性能等抗震性能的影响。

　　不同耗能隔撑角度的钢框架滞回曲线如图 3-27 所示，从图中可以看出：45°布设的耗能隔撑钢框架的滞回曲线比其他两种模型的滞回曲线更饱满，最大承载力也比其他两个模型大；30°和 60°布设的耗能隔撑钢框架的滞回曲线的饱满程度、最大承载力相当。根据所得各模型的滞回曲线，由于一层的滞回曲线有下降段，故选取各模型的一层加载点的滞回环，计算 3 种耗能隔撑角度的钢框架在最大承载力荷载作用时的等效黏滞阻尼系数，如表 3-5 所示，3 种模型的等效黏滞阻尼系数，45°布设时最大，60°布设时次之，30°布设又次之，表明当 45°耗能隔撑布设时耗能能力最强。

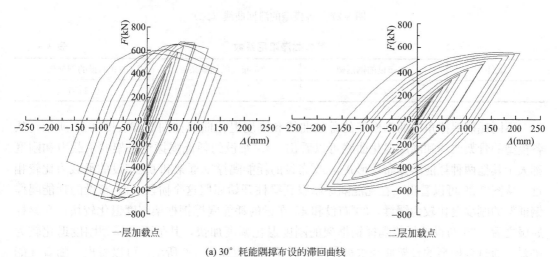

一层加载点　　　　　　　　　　　　二层加载点

(a) 30° 耗能隔撑布设的滞回曲线

图 3-27　各模型的滞回曲线（一）

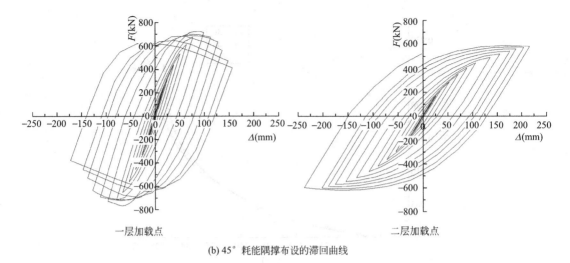

一层加载点　　　　　　　　　　二层加载点

(b) 45°耗能隔撑布设的滞回曲线

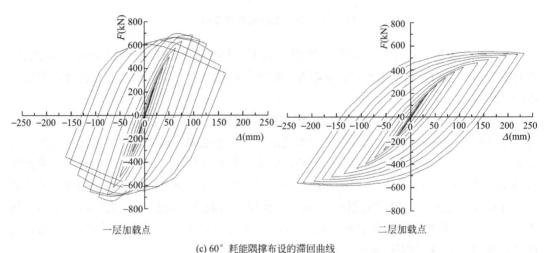

一层加载点　　　　　　　　　　二层加载点

(c) 60°耗能隔撑布设的滞回曲线

图 3-27　各模型的滞回曲线 (二)

等效黏滞阻尼系数　　　　　　　　　　　　　　　　　　　表 3-5

试件	30°布设的钢框架	45°布设的钢框架	60°布设的钢框架
h_e	0.3534	0.3578	0.3556

　　不同耗能隔撑角度的钢框架的骨架曲线和刚度退化曲线如图 3-28、图 3-29 所示。从各模型的骨架曲线和刚度退化曲线可以看出，45°布设的耗能隔撑钢框架的承载力和刚度都大于其他两种耗能隔撑布设形式，30°布设的耗能隔撑钢框架和 60°布设的承载力比较相近。从图 3-29 可以看出，在耗能隔撑屈服到梁柱开始屈服这个阶段，60°布设的耗能隔撑钢框架的刚度退化较为缓慢，30°布设和 45°布设的耗能隔撑钢框架刚度退化较快；在梁柱屈服之后，30°布设的耗能隔撑钢框架的刚度退化幅度加快，其他两种模型刚度退化较为平缓。通过各模型的骨架曲线求得各模型的延性系数如表 3-6 所示，可以看出，随着耗能隔撑角度的增大，其延性系数也增大，但相差不是太大，故耗能隔撑角度对钢框架的延性性能的影响不是太明显。

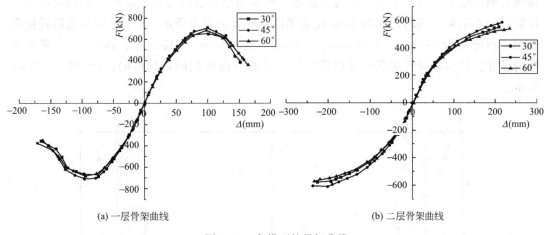

(a) 一层骨架曲线　　　　　　　　　(b) 二层骨架曲线

图 3-28　各模型的骨架曲线

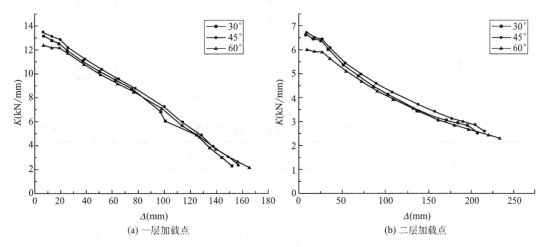

(a) 一层加载点　　　　　　　　　(b) 二层加载点

图 3-29　各模型的刚度退化曲线

	延性系数		表 3-6
试件	30°布设的钢框架	45°布设的钢框架	60°布设的钢框架
α	4.64	4.65	4.73

　　综上所述，不同耗能隅撑角度的布设对耗能隅撑钢框架的抗震性能是有一定影响的。从耗能隅撑钢框架在单调加载和低周往复加载两种荷载工况的分析结果可以看出：与 30°布设的耗能隅撑钢框架和 60°布设的耗能隅撑钢框架相比，45°布设的耗能隅撑钢框架具有较高的强度、承载力、刚度以及较好的耗能能力，刚度退化较为平缓，延性性能良好。因此，在耗能隅撑钢框架进行设计时，应选择 45°耗能隅撑布设形式。

3.3.1.3　耗能隅撑长度参数

　　为了分析耗能隅撑长度参数对耗能隅撑钢框架的抗震性能的影响，设计了 6 个不同的耗能隅撑长度参数，其中耗能隅撑与梁的夹角根据上一小节所得结论，选择其夹角为 45°，耗能隅撑的截面刚度、材料属性等以及梁柱的尺寸和材料属性都相同的两层两跨的耗能隅撑钢框架的模型。这 6 个不同的耗能隔撑长度参数是通过改变耗能隔撑两端到梁柱交点位置的偏心距来实现的，如图 3-30 耗能隔撑钢框架示意图所示，6 个不同长度的耗能隔撑偏心距分别为 850mm、1000mm、1150mm、1300mm、1450mm、1600mm，其中梁柱的尺寸、柱脚以及耗能隔撑节点板设计尺寸都与前述相同，具体的设计参数如表 3-7 所示。

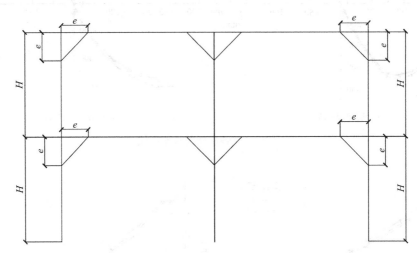

图 3-30　耗能隔撑钢框架示意图

不同耗能隔撑长度钢框架的设计参数　　　　　　　　　　　　　表 3-7

模型	E_1	E_2	E_3	E_4	E_5	E_6
e(mm)	850	1000	1150	1300	1450	1600
e/H	0.22	0.26	0.3	0.34	0.38	0.42
截面尺寸	梁截面(mm)		柱截面(mm)		隔撑截面(mm)	
	350×175×7×11		300×300×10×15		80×8	
几何尺寸	跨度(mm)		高度(mm)			
	6600		4200			

3.3.1.4　单调荷载工况

通过有限元软件计算 6 种不同耗能隔撑长度的两层两跨耗能隔撑钢框架在单调荷载工况下的受力情况，其中单调加载采用力控制，其他的边界条件和加载方式都与上文相同。根据有限元分析结果得到各层加载点的荷载-位移曲线以及屈服位移，如图 3-31 所示，以此来反映不同耗能隔撑长度参数对耗能隔撑钢框架的强度、刚度和承载力以及破坏形式的影响。

由单调加载曲线可以看出，各种耗能隔撑长度的钢框架的单调荷载-位移曲线呈线性增加的特性，随着偏心距的增加，耗能隔撑钢框架的刚度和承载能力也随之增加。

3.3.1.5　循环荷载工况

循环荷载工况加载同样采用位移控制，位移分别选取单调加载工况下各层加载点所对

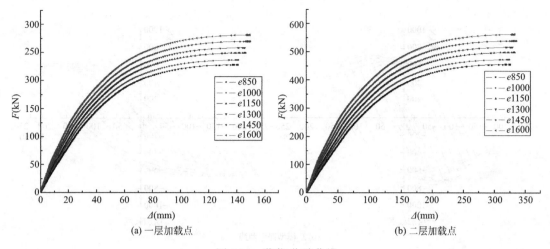

(a) 一层加载点　　　　　　　　(b) 二层加载点

图 3-31　荷载-位移曲线

应的梁柱屈服位移，循环的幅值为 0.25Δ、0.5Δ、0.75Δ、Δ、1.5Δ、2Δ、2.5Δ、3Δ 等。根据有限元分析结果得到 6 种不同耗能隔撑长度参数的耗能隔撑钢框架的荷载-位移曲线，来分析耗能隔撑长度对耗能隔撑钢框架的耗能能力、刚度退化、延性性能等抗震性能的影响。

　　不同偏心距（耗能隔撑长度）的耗能隔撑钢框架的滞回曲线如图 3-32 所示。从各模型的一层加载点和二层加载点的滞回曲线可以看出，在一定范围内，随着偏心距（耗能隔撑长度）的增大，滞回曲线越来越饱满、越扁平，即耗能隔撑钢框架的耗能能力和延性性能越好。由于一层加载点的滞回曲线有下降段，故选取滞回曲线峰值点最大的滞回环，即柱脚开始屈曲时，来计算各试件的等效黏滞阻尼系数，从图 3-33 各试件的等效黏滞阻尼系数可以看出，随着偏心距 e（耗能隔撑长度）的增加，耗能隔撑钢框架的耗能能力先增加后降低，其中当偏心距 $e = 1450\text{mm}$ 时，耗能隔撑钢框架的耗能能力最大，$e = 1150\text{mm}$、1300mm 和 1600mm 时，三者耗能能力相当。

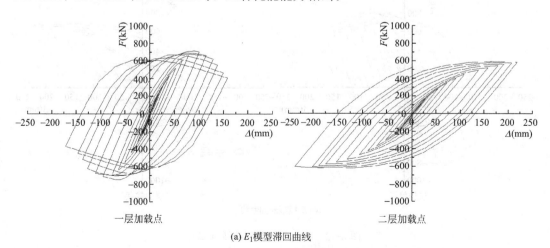

一层加载点　　　　　　　　二层加载点

(a) E_1 模型滞回曲线

图 3-32　各模型的滞回曲线（一）

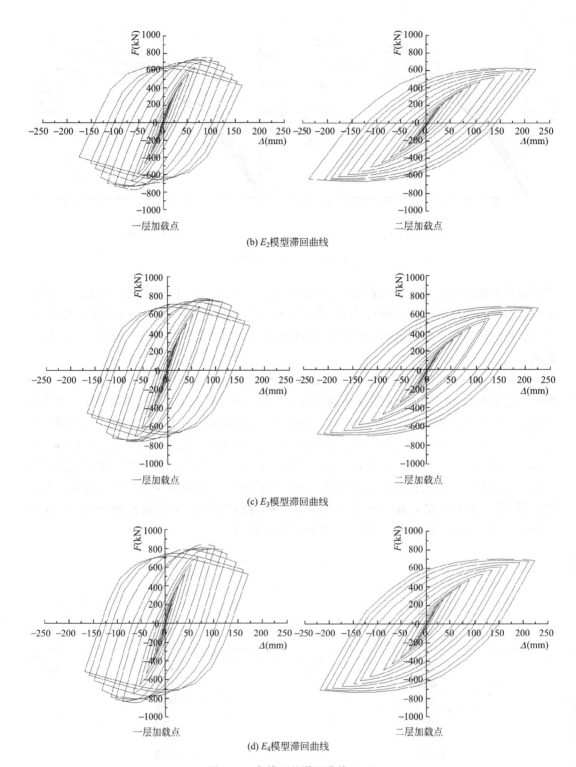

(b) E_2模型滞回曲线

(c) E_3模型滞回曲线

(d) E_4模型滞回曲线

图 3-32　各模型的滞回曲线（二）

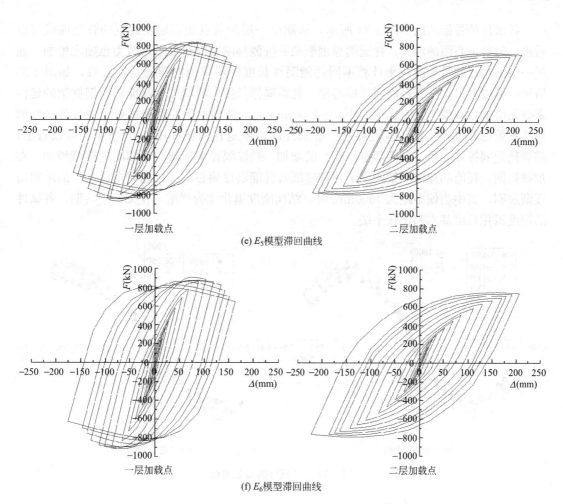

(e) E_5模型滞回曲线

(f) E_6模型滞回曲线

图 3-32　各模型的滞回曲线（三）

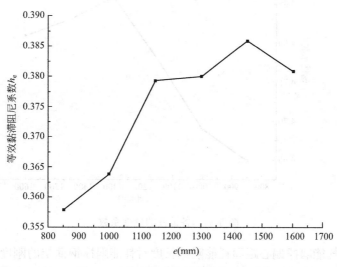

图 3-33　各试件的等效黏滞阻尼系数

各试件的骨架曲线如图 3-34 所示，从图中一层加载点和二层加载点的骨架曲线可以看出，随着偏心距的增大，耗能隔撑钢框架的抗侧移刚度以及极限承载力也随之增加。通过一层加载点的骨架曲线来计算不同耗能隔撑长度的隔撑钢框架的延性系数，如图 3-35 所示，可以看出，随着耗能隔撑偏心距（耗能隔撑长度）的增加，耗能隔撑钢框架的延性系数先增加后减少，其中当偏心距 $e = 1300$mm 时，结构的延性性能最好，并且各试件的延性系数都超过建筑抗震规范要求。各试件的刚度退化曲线如图 3-36 所示，可以看出，随着耗能隔撑偏心距（耗能隔撑长度）的增加，耗能隔撑钢框架的整体刚度逐渐增加，在加载初期，耗能隔撑钢框架刚度退化程度随着耗能隔撑偏心距（耗能隔撑长度）的增加而逐渐加剧，其中当偏心距为 1600mm 时，结构刚度退化尤为严重，在加载中后期，各试件的刚度退化程度基本都比较平缓。

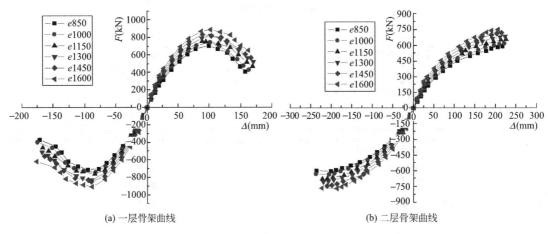

(a) 一层骨架曲线　　　　　　　　　　(b) 二层骨架曲线

图 3-34　各试件的骨架曲线

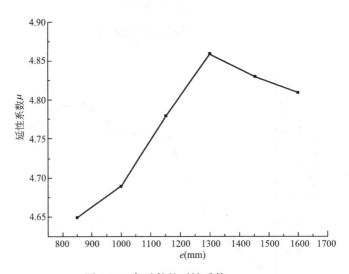

图 3-35　各试件的延性系数

　　综上所述，耗能隔撑偏心距即耗能隔撑长度对耗能隔撑钢框架的刚度、耗能性能以及延性性能有着较大的影响。在一定的耗能隔撑长度范围内，随着耗能隔撑偏心距（耗能隔撑长度）的增加，耗能隔撑钢框架的抗侧移刚度、耗能能力和延性性能随之增加，当耗能

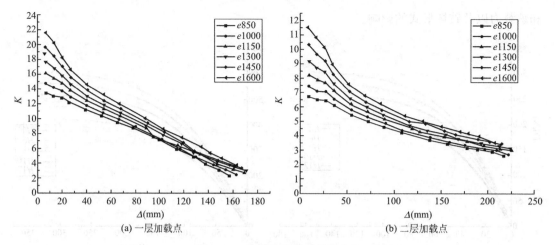

图 3-36　各试件的刚度退化曲线

隔撑偏心距增加到一定程度时，结构的刚度会继续增加，但结构的延性性能和耗能能力会随之下降，当耗能隔撑偏心距减少到一定程度时，耗能隔撑会处于结构的节点的刚性区域，此时耗能隔撑几乎不受力，就没有布设的意义了。因此，综合考虑结构刚度、耗能能力和延性性能，建议耗能隔撑的偏心距设计范围为 1150～1450mm，即 $0.3{\leqslant}e/H{\leqslant}0.38$。

3.3.2　耗能隔撑截面刚度参数

为了分析耗能隔撑截面刚度参数对耗能隔撑钢框架的抗震性能的影响，设计了 5 个不同耗能隔撑截面刚度参数的两层两跨模型，其他参数为：隔撑与梁的夹角为 45°，耗能隔撑长度选取上一小节抗震性能最优的耗能隔撑与柱的偏心距长度 e 为 1300mm 所对应的耗能隔撑长度，耗能隔撑材料属性以及梁柱的尺寸和材料属性都相同。这 5 个不同耗能隔撑截面刚度是通过控制耗能隔撑宽度而改变耗能隔撑厚度来实现的，其中 5 个不同截面尺寸分别为 4mm×80mm、6mm×80mm、8mm×80mm、10mm×80mm、12mm×80mm，其他参数如表 3-8 所示。

不同耗能隔撑截面刚度的耗能隔撑钢框架的设计参数　　　　表 3-8

模型	h_1	h_2	h_3	h_4	h_5
H(mm)	4	6	8	10	12
I(cm^4)	17.08	25.62	34.16	42.7	51.24
截面尺寸	梁截面(mm)		柱截面(mm)		隔撑偏心距(mm)
	350×175×7×11		300×300×10×15		1300
几何尺寸	跨度(mm)		高度(mm)		
	6600		4200		

3.3.2.1　单调荷载工况

通过有限元软件计算 5 种不同耗能隔撑厚度（截面刚度）的两层两跨耗能隔撑钢框架在单调荷载工况下的受力情况，其中单调加载采用力控制，其他的边界条件和加载方式都与上文相同。根据有限元分析结果得到各层加载点的荷载-位移曲线以及屈服位移，如图 3-37 所示，以此来反映不同的耗能隔撑截面刚度参数对耗能隔撑钢框架的强度、刚度和承载力以及破坏形式的影响。

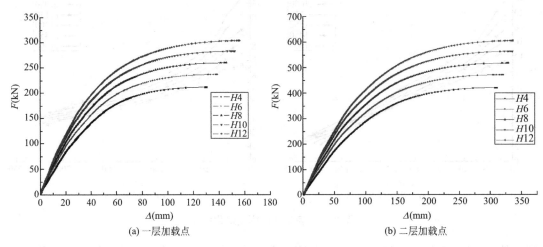

(a) 一层加载点   (b) 二层加载点

图 3-37 各试件的荷载-位移曲线

由单调加载曲线可以看出，各种耗能隅撑厚度（截面刚度）的耗能隅撑钢框架的单调荷载-位移曲线呈线性增加的特性，随着耗能隅撑厚度（截面刚度）的增加，耗能隅撑钢框架的刚度和承载能力也随之增加，而耗能隅撑的屈服位移随之降低。当耗能隅撑厚度（截面刚度）大于 10 时，耗能隅撑和梁柱进入塑性阶段时间比较接近，会很大程度地减少耗能隅撑的塑性变形的累积，当耗能隅撑厚度过小时即耗能隅撑的截面刚度过小时，耗能隅撑所受内力减少，而对应钢框架的耗能梁端就会较早地进入塑性阶段。

3.3.2.2 循环荷载工况

循环荷载工况加载采用位移控制，上下两层的加载位移分别选取单调加载工况下梁柱屈服时所对应的上下两层加载点位移，循环的幅值为 0.25Δ、0.5Δ、0.75Δ、Δ、1.5Δ、2Δ、2.5Δ、3Δ 等。根据有限元分析结果得到 5 种不同耗能隅撑厚度（截面刚度）的耗能隅撑钢框架的滞回曲线，如图 3-38 所示，以此来分析耗能隅撑厚度（截面刚度）对耗能隅撑钢框架的耗能能力、刚度退化、延性性能等抗震性能的影响。

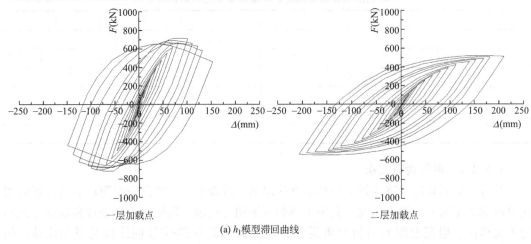

一层加载点   二层加载点

(a) h_1 模型滞回曲线

图 3-38 各模型的滞回曲线（一）

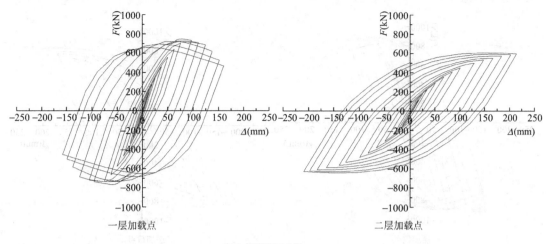

(b) h_2模型滞回曲线

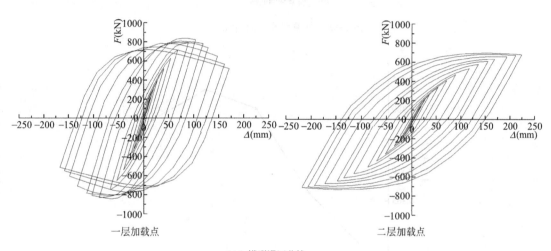

(c) h_3模型滞回曲线

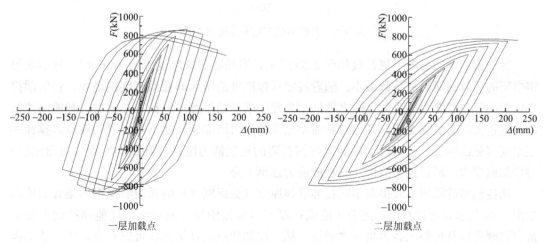

(d) h_4模型滞回曲线

图 3-38　各模型的滞回曲线（二）

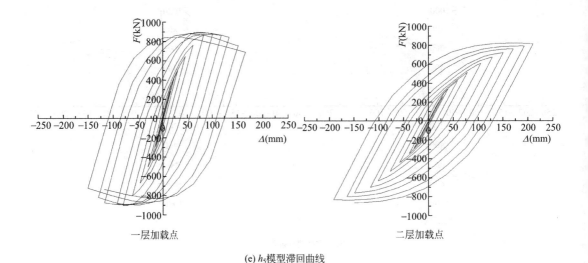

一层加载点 二层加载点

(e) h_5模型滞回曲线

图 3-38 各模型的滞回曲线（三）

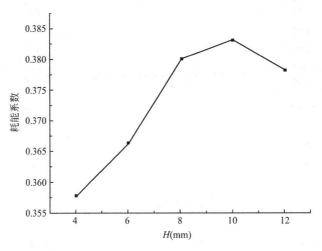

图 3-39 各模型的等效黏滞阻尼系数

各模型的等效黏滞阻尼系数如图 3-39 所示，当耗能隅撑厚度等于 4mm 时，耗能隅撑钢框架的等效黏滞阻尼系数最小。随着耗能隅撑厚度的增大即截面刚度的增大，耗能隅撑钢框架的等效黏滞阻尼系数也随之增加。当耗能隅撑的厚度增加到 10mm 时，耗能隅撑截面刚度过大，变成强支撑，其等效黏滞阻尼系数不再增加而开始下降。表明耗能隅撑在一定厚度（截面刚度）范围内，耗能隅撑钢框架的耗能能力随耗能隅撑的厚度（截面刚度）的增加而变大，超过这个范围，其耗能能力逐渐下降。

从各模型的滞回曲线提取不同耗能隅撑厚度（截面刚度）的耗能隅撑钢框架骨架曲线如图 3-40 所示，可以看出，随着耗能隅撑厚度（截面刚度）的增大，耗能隅撑钢框架的抗侧移刚度以及极限承载力也随之增加。从一层加载点的骨架曲线可以看出，当耗能隅撑厚度小于 8mm 时即耗能隅撑厚度为 4mm 和 6mm 时，两者的极限承载力比较接近。当耗能隅撑厚度大于等于 8mm 时即为 8mm、10mm 和 12mm 时，三者的极限承载力比较相近，主要由于此时一层柱脚发生屈曲，而使耗能隔撑受力行为没有充分发挥出来。

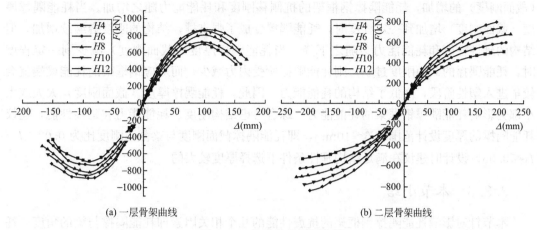

(a) 一层骨架曲线　　　　　　　　　　(b) 二层骨架曲线

图 3-40　各试件的骨架曲线

延性系数　　　　　　　　　　　　　　　　　　　　　　　　　　　　　　表 3-9

试件	h_1	h_2	h_3	h_4	h_5
α	4.95	4.91	4.68	4.59	4.48

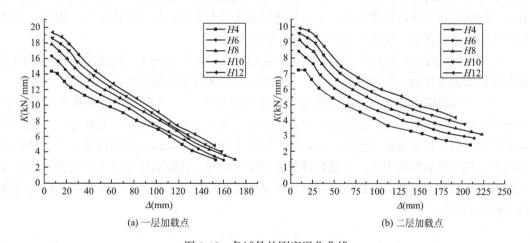

(a) 一层加载点　　　　　　　　　　　(b) 二层加载点

图 3-41　各试件的刚度退化曲线

　　通过一层加载点的骨架曲线来计算不同耗能隔撑厚度（截面刚度）的耗能隔撑钢框架的延性系数，如表 3-9 所示，可以看出，随着耗能隔撑厚度（截面刚度）的增大，隔撑钢框架的延性系数逐渐减少，其中当耗能隔撑厚度为 4mm 和 6mm 时，结构的延性性能最好，并且各试件的延性系数都超过建筑抗震规范要求。各试件的刚度退化曲线如图 3-41 所示，从图中一层加载点和二层加载点的刚度退化曲线可以看出，随着耗能隔撑厚度（截面刚度）的增大，耗能隔撑钢框架的整体刚度逐渐增加，在加载初期，耗能隔撑钢框架刚度退化程度随着耗能隔撑厚度（截面刚度）的增大而先升后降，其中厚度为 6mm 时，结构刚度退化尤为严重。在加载中后期，各试件的刚度退化程度基本一致，都比较平缓。

　　综上所述，耗能隔撑厚度（截面刚度）对耗能隔撑钢框架的刚度、耗能性能以及延性性能有着较大的影响。在一定的耗能隔撑厚度（截面刚度）范围内，随着耗能隔撑厚度（截面刚度）的增加，耗能隔撑钢框架的抗侧移刚度和耗能能力随之增加。当耗能隔撑厚度（截面刚度）增加到一定程度时，耗能隔撑变成了强支撑，结构的刚度会继续增加，但结构的延性性能和耗能能力会随之下降。当耗能隔撑厚度（截面刚度）减少到一定程度时，耗能隔撑的截面刚度过小，则耗能隔撑所受内力减少，而对应钢框架的耗能梁端就会较早进入塑性阶段，降低了结构的耗能能力。因此，耗能隔撑厚度（截面刚度）太大或太小都会影响耗能隔撑钢框架的耗能能力，综合考虑结构刚度、耗能能力和延性性能，建议耗能隔撑的厚度设计范围取 6～10mm，即耗能隔撑截面刚度与梁截面刚度比为 $0.02 < I_y/I_b < 0.06$，设计时建议在满足结构延性条件下选择厚度较大的。

3.3.3 本节小结

本节针对影响耗能隔撑钢框架的抗震性能的几个相关因素即耗能隔撑与梁的角度、耗能隔撑的长度、耗能隔撑厚度（截面刚度）等，建立了一系列相关模型，分析了不同参数变化对耗能隔撑钢框架的耗能性能的影响。通过分析计算并综合考虑结构刚度、耗能能力和延性性能给出了相关参数的设计建议，为工程实践提供相关设计依据。

（1）耗能隔撑与梁的角度影响耗能隔撑钢框架的耗能性能，采用 45°布设的耗能隔撑钢框架与 30°布设的耗能隔撑钢框架和 60°布设的耗能隔撑钢框架相比具有较高的强度、承载力、刚度以及较好的耗能能力，而且其刚度退化较为平缓，延性性能良好。因此，在耗能隔撑钢框架设计时，应选择 45°耗能隔撑布设形式。

（2）耗能隔撑的长度对耗能隔撑钢框架耗能性能的影响表现为，耗能隔撑在柱上的偏心距与框架高度比值选取范围为 0.3～0.38 时，耗能隔撑钢框架具有良好的耗能性能。

（3）当耗能隔撑截面与梁截面的刚度比控制在 0.02～0.06 时，耗能隔撑板的破坏机理趋于正常。耗能隔撑的截面刚度影响着耗能隔撑钢框架的抗震性能，截面过小，耗能隔撑承载能力低，其很快进入塑性状态，然后钢材开始硬化，导致其耗能性能不足，其次截面太小，施工拼装焊接困难。耗能隔撑截面刚度过大时，耗能隔撑变成了强支撑，会造成耗能隔撑板的屈服承载力与耗能隔撑钢框架梁柱屈服承载力很接近，耗能隔撑板的耗能性能不能充分发挥。

3.4 耗能隔撑钢框架的动力弹塑性分析

3.4.1 动力弹塑性分析

动力弹塑性分析也称为动力时程分析，与静力弹塑性分析的最大区别在于前者的荷载、结构内力和变形的变化随时间的变化而变化，而后者的荷载、结构内力和变形的变化与时间无关。动力时程分析是从结构的强度和变形来反映结构的抗震性能以及结构体系各构件的屈服机制和塑性铰的形成过程。它采用的是直接动力分析方法，将结构体系视为弹塑性振动体系模型加以分析，将世界各地典型的强震记录中的地震波作为地面运动荷载输入结构体系，再通过积分运算，计算得到在随时间不断变化的加速度下，结构体系各构件随时间变化的结构内力和变形。随着计算机硬件设施以及储存技术的发展，计算机的运算能力不断增强。全球各地区的强震记录储存不断增多，直接动力法逐渐成为地震动仿真技术行之有效的方法。这种方法能够很准确、很真实地模拟地震的各种特性，对建筑物的抗震能力的预测起到十分关键的作用，是大多数国家对重要、高层、复杂、不规则等建筑抗震分析建议采用的方法。

时程分析法的缺点主要是地震的随机性比较大，每个地震所产生的地面动力特性都不相同，因此时程分析所用的地震作用和实际真实发生的地震波存在差异，计算所得结果存在误差。但时程分析法的积分算法的精度是得到国内外大多数学者公认的，而且我国《抗震规范》要求某些高层重要建筑物进行动力时程分析，进一步验算以弥补静力弹塑性分析即 PUSHOVER 反应谱分析法的不足。

3.4.1.1　基本理论

动力弹塑性分析（动力时程分析）是一种直接动力法。它采用数学上的逐步积分法，即对从地震开始到地震结束过程中随时间变化的地面加速度、结构的地震反应（结构内力和变形）进行逐步积分，计算出结构在地震作用期间振动状态的全过程，得到各阶段结构各构件的内力和变形，以及各构件的塑性铰出现的先后顺序，并以此来对结构的抗震承载力和变形进行验算。

3.4.1.2　基本假定

动力弹塑性分析的基本假定如下：

首先，建筑物的地基是刚性的，不影响上部主结构；

其次，阻尼矩阵 $[C]$ 是质量矩阵 $[M]$ 和刚度矩阵 $[K]$ 的线性组合；

最后，建筑物楼层的全部质量集中于楼板上、楼层的平面刚度无限大、结构的节点为刚性的。

3.4.1.3　基本步骤

（1）根据建筑物所在场地条件、抗震设防烈度等因素来选取几条不同特性的典型强震地震波，并将其加速度时程曲线作为地面运动荷载输入结构中；

（2）根据建筑物的结构体系，建立合理的结构几何振动模型；

（3）根据结构的材料属性以及受力情况，定义结构各构件的材料本构模型，选择合适的恢复力模型，如混凝土的线弹性均质本构模型、非线性弹性本构模型以及塑性本构模型（包括几种不同的混凝土塑性损伤模型）等；钢材的全弹性本构模型、塑性本构模型（各向同性、随动强化模型以及混合强化模型）等来确定结构的刚度矩阵 $[K]$、质量矩阵 $[M]$ 和阻尼矩阵 $[C]$；

（4）根据输入的加速度时程曲线来建立结构的振动微分方程；

（5）采用逐步积分法求解振动微分方程，求出随时间变化的结构的速度、加速度和位移，得到结构地震反应（内力和变形的变化）的全过程；

（6）根据计算所得结构层间位移或者层间位移角以及各构件的塑性发展情况，对结构在中震或大震作用下的整体可靠性进行评估。

3.4.1.4　结构的动力方程

多自由度非线性结构的二阶微分方程为：

$$[M]\{\ddot{u}\} + [C]\{\dot{u}\} + [K_e]\{u\} = [M]\{I\}\ddot{u}_g \tag{3-13}$$

其中，$[M]$ 代表结构的质量矩阵，$[M]=\begin{bmatrix} m_1 & & & \\ & m_2 & & \\ & & \ddots & \\ & & & m_n \end{bmatrix}$，$m_i$ 是第 i 层的集中质量；$[C]$ 代表结构的阻尼矩阵；$[K_e]$ 代表结构的弹性刚度矩阵；$\{\ddot{u}\}$、$\{\dot{u}\}$、$\{u\}$ 分别代表结构体系的加速度、速度与位移；$\ddot{u}_g$ 代表地面水平加速度，是个复杂的随机函数；$\{I\}$ 代表单位向量。

地震作用下，结构体系的弹塑性变形会伴随着结构运动的时间历程 $\{u(t)\}$ 的变化而变化，则结构的弹塑性运动微分方程为：

$$[M]\{\ddot{u}(t)\} + [C]\{\dot{u}(t)\} + [K_e]\{u(t)\} = -[M]\{I\}\ddot{u}_g(t) \tag{3-14}$$

当时间为 $t+\Delta t$ 时刻的运动微分方程为：

$$[M]\{\ddot{u}(t+\Delta t)\} + [C]\{\dot{u}(t+\Delta t)\} + [K_e]\{u(t+\Delta t)\} = -[M]\{I\}\ddot{u}_g(t+\Delta t) \tag{3-15}$$

式（3-14）减去式（3-13）得：

$$[M]\{\Delta\ddot{u}\} + [C]\{\Delta\dot{u}\} + \{\Delta f\} = -[M]\{I\}\Delta\ddot{u}_g \tag{3-16}$$

其中，

$$\{\Delta f\} = \{f[u(t+\Delta t)]\} - \{f[u(t)]\} \tag{3-17}$$
$$\Delta\ddot{u}_g = \ddot{u}_g(t+\Delta t) - \ddot{u}_g(t) \tag{3-18}$$
$$\{\Delta\ddot{u}\} = \{\ddot{u}(t+\Delta t)\} - \{\ddot{u}(t)\} \tag{3-19}$$
$$\{\Delta\dot{u}\} = \{\dot{u}(t+\Delta t)\} - \{\dot{u}(t)\} \tag{3-20}$$

结构的位移增量 $\{\Delta u\}$ 为：

$$\{\Delta u\} = \{u(t+\Delta t)\} - \{u(t)\} \tag{3-21}$$

当 Δt 很小时，结构恢复力增量 $\{\Delta f\}$ 可根据 t 时刻的切线刚度 $[K(t)]$ 近似计算求得：

$$\{\Delta f\} = [K(t)]\{\Delta u(t)\} \tag{3-22}$$

将式（3-21）代入式（3-15）中，得到带阻尼的结构弹塑性运动增量微分方程：

$$[M]\{\Delta\ddot{u}\} + [C]\{\Delta\dot{u}\} + [K(t)]\{\Delta u\} = -[M]\{I\}\Delta\ddot{u}_g \tag{3-23}$$

3.4.1.5 结构的阻尼矩阵 $[C]$ 的确定

结构的阻尼比是指结构在受激振后振动的衰减形式，与结构材料属性、连接方式以及结构体系等许多因素有关，通常可以通过实测获得。但高振型结构的阻尼比，实测起来比较困难。在结构运动方程中影响结构阻尼矩阵的因素较多，故需要对阻尼矩阵 $[C]$ 进行调整，目前常用的方法有 3 种：

（1）假设高振型的阻尼很小，阻尼矩阵 $[C]$ 与质量矩阵 $[M]$ 为正比关系：

$$[C] = \alpha[M] \tag{3-24}$$

（2）假设结构阻尼随频率的增大而增大，阻尼矩阵 $[C]$ 与刚度矩阵 $[K]$ 成正比关系：

$$[C] = \beta[K] \tag{3-25}$$

（3）假设阻尼矩阵 $[C]$ 是质量矩阵 $[M]$ 和刚度矩阵 $[K]$ 有关的函数，即为 Rayleigh 的阻尼假定：

$$[C]=\alpha[M]+\beta[K] \tag{3-26}$$

其中，α、β 是两个常数，它们跟结构的频率 ω 和阻尼比 ξ 有关，而结构的频率 ω 和阻尼比 ξ 可以通过模态分析获得，计算方法如下：

$$\alpha+\beta\omega_1^2=2\omega_1\xi_1 \tag{3-27}$$

$$\alpha+\beta\omega_2^2=2\omega_2\xi_2 \tag{3-28}$$

联立式（3-26）和式（3-27）推出常数 α、β：

$$\alpha=\frac{2(\omega_2^2\omega_1\xi_1-\omega_1^2\omega_2\xi_2)}{\omega_2^2-\omega_1^2} \tag{3-29}$$

$$\beta=\frac{2(\omega_2\xi_1-\omega_1\xi_2)}{\omega_2^2-\omega_1^2} \tag{3-30}$$

式中　ξ_1、ξ_2——结构阻尼比，通常分别取 0.1、0.05；

ω_1、ω_2——分别代表结构的第一振型的频率和第二振型的频率。

从上述公式可以看出，结构的阻尼矩阵与结构的刚度矩阵呈线性关系。在动力时程分析过程中，结构的刚度矩阵随时间变化，则对应的阻尼矩阵也是随时间变化的。

3.4.1.6　地震波的选取及调整

目前国内动力时程分析所选取的地震波的来源主要有 3 个：

（1）建筑物本地的实际地震记录。这种地震波的选取是最理想的，与实际情况最接近，动力时程分析的结果能够较真实地预测未来地震对结构的作用，结构设计时进而对结构安全性、可靠性进行评估，以及在结构设计时能很好地使建筑物的自振周期远离场地的自振周期，避免发生共振现象。但大多数地区都没有强震记录，或者没有采用统计的方法对记录数据进行调整来满足抗震设计规范的要求，因此这种地震波的选取很难实现。

（2）人工模拟地震波。这种地震波是根据建筑物场地的地质状况，通过数学的概率方法得到的随机地震波，包括地面运动加速度、频谱特性、震动持续时间、地震能量等。一方面可以由国家地震相关部门根据场地条件提供人工地震波，另一方面可以使用国内外广泛应用的典型的人工地震波。人工地震波产生的理论和机制的可靠度尚不完善，因此一般作为第二补充，如我国《建筑抗震设计规范》（2016 年版）GB 50011 要求采用动力时程分析法时需要选用根据建筑场地类别生成的一组人工地震波即加速度时程曲线作为补充。

（3）典型的强震记录。这种地震波在结构的弹塑性分析中常选用。目前国内外应用最多的是 El-Centro（1940 年）和 Taft 地震记录，前者的地震波加速度值较大，同一加速度下结构产生的地震效应也更强。两者的地震波加速度时程曲线如图 3-42 和图 3-43 所示。

不同的地震波记录，它们的震动特性也不相同，即使它们的最大加速度相同，但在结构的动力弹塑性（时程分析）分析时，分析结果却相差甚远。为此，应根据场地地质条件、建筑物的结构特性等因素对地震波的地震动强度、频谱特性和持续时间进行调整。地震动强度包括加速度峰值、速度峰值和位移峰值。加速度峰值是地震动的主要因素，对其进行调整（峰值加速度按比例放大或缩小），使加速度峰值与设计建筑物场地设防烈度相对应的多遇地震和罕遇地震的峰值加速度相近；地震波频谱特性的调整，是使地震波的功率谱的形状和卓越周期与建筑物场地的频谱特性相同；震动的持续时间，应选择地震记录最强的那段时间，时间尽量足够长，建议大于 10 倍的结构基本周期。

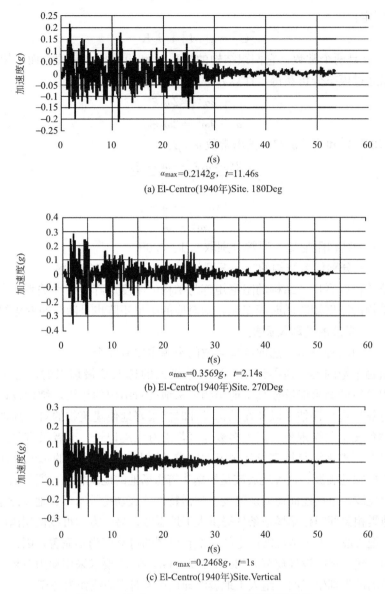

图 3-42　El-Centro（1940 年）加速度时程曲线

3.4.2　耗能隔撑钢框架的动力时程分析

　　本小节的耗能隔撑钢框架结构的动力时程分析是通过大型通用的有限元软件 ABAQUS 来实现的，耗能隔撑钢框架的模型与 3.3 节中耗能隔撑偏心距 1300mm、厚度 10mm、宽度 80mm 的模型相同。为了更好地分析耗能隔撑钢框架的动力特性，建立了一个纯钢框架的模型（纯钢框架模型是在耗能隔撑钢框架的基础上去掉耗能隔撑而建立的），与其进行对比分析。在进行耗能隔撑钢框架结构的动力弹塑性分析之前，需要对结构进行模态分析，即结构自身的振动特性分析，得到结构的阻尼，本小节的结构阻尼采用 Rayleigh 的阻尼假定，依据《建筑抗震设计规范》（2016 年版）GB 50010—2010 第 8.2.2 条，在多遇地震下，对不超过 50m 的钢结构的阻尼比可采用 0.04，对超过 50m 的钢结构的阻

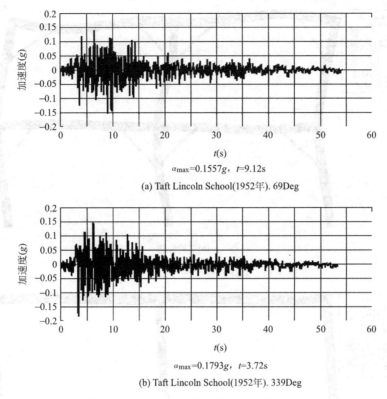

$\alpha_{\max}=0.1557g$,　$t=9.12$s

(a) Taft Lincoln School(1952年). 69Deg

$\alpha_{\max}=0.1793g$,　$t=3.72$s

(b) Taft Lincoln School(1952年). 339Deg

图 3-43　Taft 加速度时程曲线

尼比可采用 0.03，高度大于 200m 的宜取 0.02，在罕遇地震下阻尼比可采用 0.05。本小节选取钢材阻尼比为 0.04。耗能隔撑钢框架和纯钢框架的模态分析的前两阶阵型变形如图 3-44、图 3-45 所示，自振频率如表 3-10 所示。根据模型的前两阶自振频率和（式 3-28、式 3-29），计算出结构的瑞利阻尼的质量矩阵 $[M]$ 和刚度矩阵 $[K]$ 的影响系数 α、β，如表 3-10 所示。对比分析得到，耗能隔撑的布设对结构的一、二阶阵型变形影响不大，而耗能隔撑的布设增大了结构的自振频率，也增加了结构的质量对阻尼的影响程度。

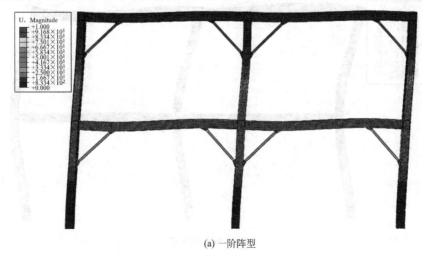

(a) 一阶阵型

图 3-44　隔撑钢框架的阵型变形图（一）

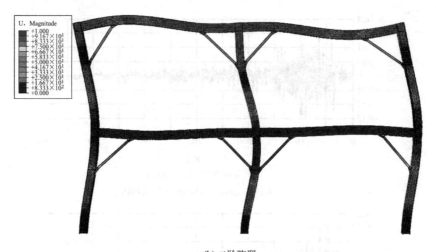

(b) 二阶阵型

图 3-44　隅撑钢框架的阵型变形图（二）

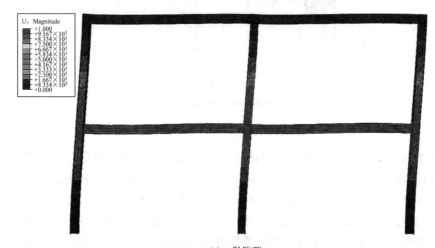

(a) 一阶阵型

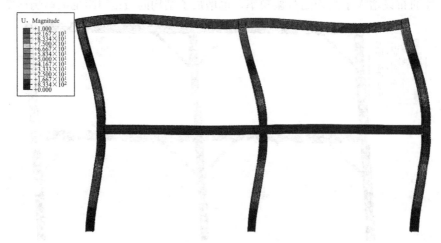

(b) 二阶阵型

图 3-45　纯钢框架的阵型变形图

结构的自振频率以及瑞利阻尼常数　　　　　　　　表 3-10

试件	一阶阵型	二阶阵型	钢材	
			α	β
纯钢框架	7.37	26.41	0.23	0.00018
耗能隅撑钢框架	10.17	32.52	0.31	0.0001

3.4.2.1　El-Centro 地震波下动力时程分析

为了更好地观察结构的地震反应，在结构的节点处额外增加 100t 的惯性质量，选择地震记录最强的那段时间，即前 10s，时间间隔为 0.02s，对该地震波的强度进行处理使其地震作用近似于 8 度（0.20g）多遇地震下的地震效应，即加速度峰值为 a（max）＝700mm/s^2。

在 El-Centro 地震波下，各试件的基底剪力时程曲线如图 3-46 所示，耗能隅撑钢框架的最大基底剪力为 342.75kN，纯钢框架的最大基底剪力为 254.95kN，从图 3-46 的基底剪力时程曲线可以看出，随着时间的变化即荷载加速度的周期性变化，在大部分时间段耗能隅撑钢框架的剪力比纯钢框架的剪力大，主要由于耗能隅撑钢框架的横向刚度大于纯钢框架，对应的结构顶点加速度也大于纯钢框架。

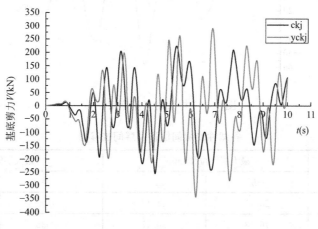

图 3-46　各试件的基底剪力

注：ckj 为纯钢框架，yckj 为耗能隅撑钢框架，图 3-47、图 3-48 同。

在 El-Centro 地震波下，各试件各层的相对位移时程曲线如图 3-47、图 3-48 所示。可以看出，随着时间的变化即荷载加速度的周期性变化，在大部分时间段纯钢框架的各层绝对位移都大于耗能隅撑钢框架。各试件的最大层间位移以及层间位移角如表 3-11 所示，耗能隅撑钢框架的各层最大层间位移及层间位移角都小于纯钢框架，都满足建筑抗震设计规范的要求。

耗能隅撑钢框架结构性能与设计

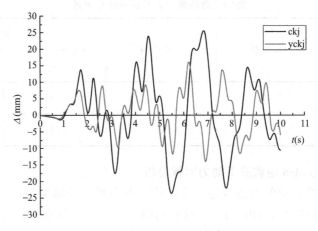

图 3-47　框架的一层相对位移

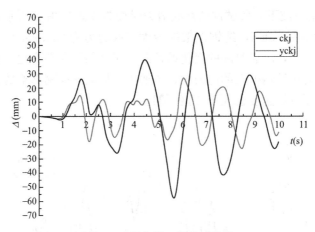

图 3-48　框架的二层绝对位移

各试件的层间位移及层间位移角　　　　　　表 3-11

试件	最大层间位移(mm)		最大层间位移角	
	一层	二层	一层	二层
纯钢框架	25.11	38.12	0.006	0.009
耗能隅撑钢框架	16.12	20.47	0.0038	0.0049

在整个 El-Centro 地震波下，当加速度达到最大时，结构的地震作用最大，耗能隅撑钢框架的应力云图如图 3-49 所示，其中仅耗能隅撑屈服，发生塑性变形，其他梁柱主体结构仍处于弹性状态。

3.4.2.2　Taft 地震波下动力时程分析

地震以外的荷载工况与前者相同，地震波选择地震记录最强的那段时间，即前 10s，时间间隔为 0.02s，加速度峰值为 a（max）$=700mm/s^2$。

在 Taft 地震波下，各试件的基底剪力时程曲线如图 3-50 所示，耗能隅撑钢框架的最大基底剪力为 303.36kN，纯钢框架的最大基底剪力为 167.3kN。从图 3-50 各试件的基底

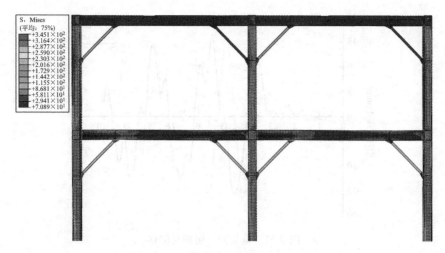

图 3-49 耗能隔撑钢框架的应力云图

注：耗能隔撑是低屈服点的软钢，屈服应力为 215N/mm²；梁柱的屈服应力为 429N/mm²。

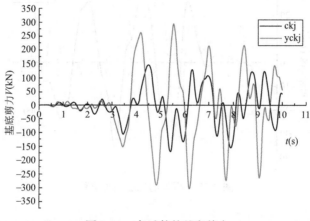

图 3-50 各试件的基底剪力

剪力时程曲线可以看出，随着时间的变化即荷载加速度的周期性变化，在大部分时间段耗能隔撑钢框架的基地剪力都要比纯钢框架的剪力大，主要由于耗能隔撑钢框架的横向刚度大于纯钢框架，对应的结构顶点加速度也大于纯钢框架。

在 Taft 地震波下，各试件的各层相对位移时程曲线如图 3-51、图 3-52 所示。可以看出，随着时间的变化即荷载加速度的周期性变化，在大部分时间段纯钢框架的各层绝对位移都大于耗能隔撑钢框架，但当时间为 4～6s 时，耗能隔撑钢框架的各层绝对位移略大于纯钢框架，这是由于该段的高频波导致计算精度降低。各试件的最大层间位移以及层间位移角如表 3-12 所示，耗能隔撑钢框架的一层最大层间位移及层间位移角约等于纯钢框架，二层最大层间位移及层间位移角小于纯钢框架，并且都满足建筑抗震设计规范的要求。

在整个 Taft 地震波下，当加速度达到最大时耗能隔撑钢框架的应力云图如图 3-53 所示，从图中可以看出仅有耗能隔撑发生屈服，其他梁柱主体结构仍处于弹性状态。

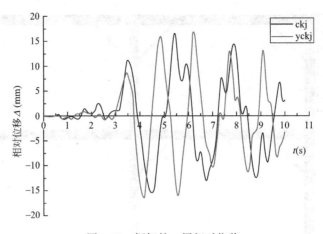

图 3-51　框架的一层相对位移

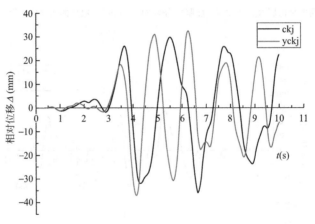

图 3-52　框架的二层相对位移

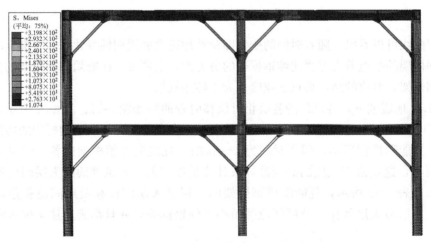

图 3-53　耗能隅撑钢框架的应力云图

注：耗能隅撑是低屈服点的软钢，屈服应力为 215N/mm²；梁柱的屈服应力为 429N/mm²。

各试件的层间位移及层间位移角　表 3-12

试件	最大层间位移(mm)		最大层间位移角	
	一层	二层	一层	二层
纯钢框架	16.56	24.26	0.0039	0.0058
耗能隔撑钢框架	16.86	20.84	0.004	0.0049

3.4.2.3　人工地震波下动力时程分析

为了满足建筑抗震规范对地震波选择的要求，需要增加一条人工波动力时程分析，人工波选择兰州波，地震持续时间选择地震记录最强的前 10s，时间间隔为 0.01s，加速度峰值为 a（max）＝700mm/s^2，地震以外的荷载工况与前者相同。

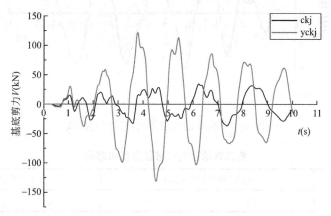

图 3-54　各试件的基底剪力时程曲线

在兰州波下，各试件的基底剪力时程曲线如图 3-54 所示，耗能隔撑钢框架的最大基底剪力为 131.19kN，纯钢框架的最大基底剪力为 36.75kN，从图 3-54 各试件的基底剪力时程曲线可以看出，随着时间的变化即荷载加速度的周期性变化，在大部分时间段耗能隔撑钢框架的基底剪力都要比纯钢框架的基底剪力大很多，主要由于耗能隔撑钢框架的结构刚度大于纯钢框架，对应的结构顶点加速度也大于纯钢框架。

在兰州波下，各试件的各层相对位移时程曲线如图 3-55、图 3-56 所示。可以看出，

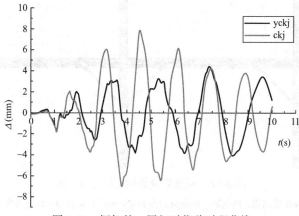

图 3-55　框架的一层相对位移时程曲线

随着时间的变化即荷载加速度的周期性变化，在大部分时间段纯钢框架的各层相对位移都大于耗能隔撑钢框架。各试件的最大层间位移以及层间位移角如表 3-13 所示，耗能隔撑钢框架的一层最大层间位移及层间位移角约等于纯钢框架，二层最大层间位移及层间位移角小于纯钢框架，并且都满足建筑抗震设计规范的要求。

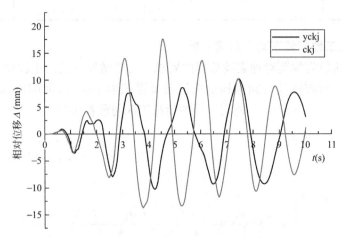

图 3-56　框架的二层相对位移时程曲线

各试件的层间位移及层间位移角　　　　　　　　　　　　表 3-13

试件	最大层间位移(mm)		最大层间位移角	
	一层	二层	一层	二层
纯钢框架	7.82	10.14	0.0018	0.0024
耗能隔撑钢框架	4.41	7.02	0.001	0.0017

在整个兰州波下，当加速度达到最大时，耗能隔撑钢框架的应力云图如图 3-57 所示，从图中可以看出耗能隔撑与梁柱主体结构都处于弹性状态。

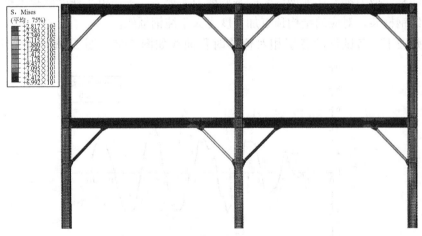

图 3-57　耗能隔撑钢框架的应力云图

注：耗能隔撑是低屈服点的软钢，屈服应力为 215N/mm²；梁柱的屈服应力为 429N/mm²。

综上所述，在 El-Centro 地震波、Taft 地震波、兰州波的作用下，大部分时间段耗能隔撑钢框架的基底剪力都要比纯钢框架的基底剪力大很多，耗能隔撑钢框架的结构刚度大于纯钢框架，对应的结构顶点加速度也大于纯钢框架，因此所带来的地震反应及基底剪力也就变大。而随着时间的变化即荷载加速度的周期性变化，纯钢框架的振动频率小，而耗能隔撑钢框架的振动频率大，因此在大部分时间段纯钢框架的各层相对位移都大于耗能隔撑钢框架，耗能隔撑钢框架的各层的最大层间位移及层间位移角都小于纯钢框架，并且都满足建筑抗震设计要求。其次，从 3 种地震波的应力云图可以看出，在多遇地震作用，即小震作用下，耗能隔撑先于主体构件屈服，进行耗能。

3.4.3　本节小结

本节主要对动力时程分析方法进行了简单阐述，并通过大型通用有限元软件 ABAQUS 对两层两跨的耗能隔撑钢框架和纯钢框架进行了动力时程分析，分析结果如下：

（1）与纯钢框架相比，耗能隔撑的布设提高了结构的自振频率，也增加了结构质量对结构阻尼的影响程度。

（2）在 El-Centro 地震波、Taft 地震波、兰州波的作用下，与纯钢框架相比，耗能隔撑钢框架的结构刚度较大，顶点的加速度也随之增大，而框架的基底剪力也比较大。其次在 3 种地震波作用下，耗能隔撑钢框架仅有耗能隔撑发生屈服，产生塑性变形，其他梁柱主体结构仍处于弹性状态，能够保护主体结构。

（3）在 El-Centro 地震波、Taft 地震波、兰州波的作用下，纯钢框架的振动频率小，框架的顶点位移、各层间位移和层间位移角较大，而耗能隔撑钢框架的振动频率大，框架的顶点位移、各层间位移和层间位移角较小。

（4）在不同的地震波作用下，结构的地震反应也有所不同，主要是各地震波的频率不同导致的。

3.5　结论

本章通过大型通用有限元软件 ABAQUS 对耗能隔撑钢框架在单向静力加载和低周往复加载工况下的受力分析研究，并对其进行了模态分析和 3 种不同地震波下的动力时程分析，得到的结果和结论如下：

（1）耗能隔撑钢框架，在正常使用情况下，能够很大程度地提高结构的刚度和极限承载能力。在地震作用时耗能隔撑板首先进入塑性状态，发生塑性变形来耗散地震能量，延缓了梁柱进入塑性状态的时间，进而保护了结构的主要构件。耗能隔撑钢框架的刚度退化幅度比较缓慢，而结构破坏时，耗能隔撑钢框架仍具有相当大的残余刚度，符合抗震设计的要求。

（2）对比屈曲约束隔撑钢框架和新型耗能隔撑钢框架在单调加载和循环加载两种工况的受力变形行为，屈曲约束隔撑在结构极限承载力、刚度、耗能能力、延性性能等方面明显优于新型耗能隔撑钢框架。

（3）对耗能隔撑与梁的角度、耗能隔撑的长度、耗能隔撑截面刚度等参数进行分析，提出设计建议：采用 45° 布设的耗能隔撑钢框架具有较高的强度、承载力、刚度以及较好的耗能能力，而且其刚度退化较为平缓，延性性能良好。因此应优先选择选择 45°的布设形式；耗能隅撑在柱上的偏心距与框架高度比值选取范围为 0.3～0.38 时，耗能隅撑钢框架具有更好的抗震性能；当耗能隅撑截面与梁截面的刚度比控制在 0.02～0.06 内，耗能隅撑板的破坏机理趋于正常，耗能效果比较好。

（4）与纯钢框架相比，耗能隅撑的布设提高了结构的自振频率，也增加了结构的质量对结构阻尼的影响程度，在 3 种常见的地震波作用下，耗能隅撑钢框架的结构刚度较大，顶点的加速度也随之增大，而框架的基底剪力也比较大，框架的顶点位移、各层间位移和层间位移角较小，则耗能隅撑的布设在地震中能有效地减小结构的地震反应。

第4章 耗能隅撑布置方式对钢框架抗震性能影响的研究

4.1 耗能隅撑钢框架有限元模型的建立

4.1.1 耗能隅撑节点有限元模型

4.1.1.1 节点模型建立

本章利用ABAQUS有限元软件，根据已有的耗能隅撑节点试验建立有限元模型，分析节点在低周反复荷载作用下的破坏过程和耗能性能，为耗能隅撑在工程中的应用提供参考。试件梁柱采用Q345B钢材，耗能隅撑采用低屈服点的Q235B钢材。试件梁柱尺寸分别为焊接工字形HW250×250×9×14（单位：mm）、HN350×175×7×11（单位：mm），梁柱构件长度分别为1200mm、1600mm，耗能隅撑几何尺寸为80mm×8mm、e_1为720mm、e_2为480mm（图4-1a）。节点梁柱连接、耗能隅撑板与梁柱的连接均采用焊接刚性连接。试验试件耗能隅撑节点的构造尺寸和ABAQUS有限元模型如图4-1所示。

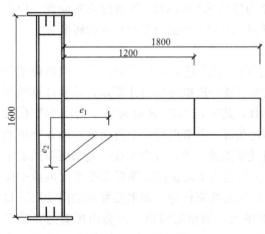

(a) 耗能隅撑节点构造及尺寸图

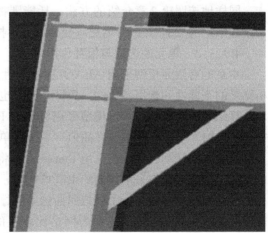

(b) 耗能隅撑节点有限元模型

图4-1 节点构造和有限元模型图

4.1.1.2 钢材本构模型的选取

强化规律比较复杂，一般用简化的模型近似表示。对于钢材的循环硬化准则，即Von-Mises屈服准则，目前广泛采用的强化模型是等向强化模型和随动强化模型。等向强化是指屈服面以材料中所作塑性功的大小为基础在尺寸上扩张，即一个方向屈服强度提高（强化），同时在其他方向的屈服强度也提高。对于常用的Von-Mises屈服准则来说，屈服面在所有方向均匀扩张。等向强化准则允许屈服后的屈服面膨胀或者收缩，如图 4-2（a）所示，对单调加载工况比较适用，在往复荷载作用下反向加载时钢材不会出现塑性应变软化（即包辛格效应）。随动强化是假定屈服面的大小保持不变，而仅在屈服的方向上移动，当某个方向的屈服应力升高时，其他方向的屈服应力降低。随动强化准则允许后继屈服面在应力空间中发生刚体平动，但不能转动，后继屈服面的大小、形状和方向不发生变化，如图 4-2（b）所示，反向加载时能够出现包辛格效应。考虑到本章为了模拟地震作用，需要对模型进行低周往复荷载加载，同时为了简化计算，本章钢材本构关系模型选用双线性随动强化模型，考虑包辛格效应，服从 Von-Mises 屈服准则，钢材屈服后强化阶段的弹性模量 $E = 0.02E_t$。

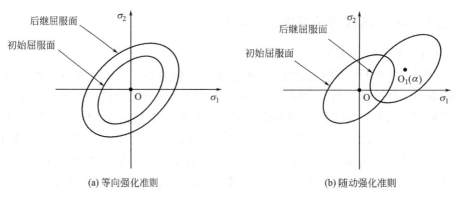

(a) 等向强化准则　　　　　　　　　　(b) 随动强化准则

图 4-2　强化准则

同样地按照第 2 章介绍的方法，耗能隔撑构件所采用的 Q235B 钢材真实应变、应力与梁柱采用的 Q345B 钢材名义应变、应力可按式（2-21）～式（2-23）进行转换。

4.1.1.3　单元的选取与相互作用

本章的有限元模型采用 ABAQUS 非线性有限元程序建立，为了验证后文模拟建模分析结果的正确性和选用参数的一致性，同时也为了减少模拟分析的计算量，兼顾计算效率和计算结果的准确性，本章模型采用梁单元 B31，其中，"B"表示为梁单元，"3"代表"三维"，"1"指的是一次线性插值。三维梁单元在每一个节点有 6 个自由度，即 3 个平动自由度和 3 个转动自由度。采用 merge 命令将耗能隔撑与梁、柱合并在一起来模拟试验中的焊接作用。本章将采用屈曲约束隔撑模型，主要是为了防止耗能隔撑发生平面内或平面外的失稳破坏即屈曲。为了模拟屈曲约束隔撑的屈曲约束行为，即主要发生轴向变形，将耗能隔撑简化成一个单元，即为网格比较粗的单元，而粗的网格单元会出现剪力自锁现象，则此时耗能隔撑只会发生轴向的拉伸变形，以此来模拟屈曲约束支撑的屈曲约束行为。

4.1.1.4　边界条件与加载制度

模型各边界条件均按照实际工程情况设置，即在耗能隔撑节点模型柱底位置设为刚接，约束了各个方向的平动与转动自由度，同时限制节点结构平面外位移，保证节点只能在平面内发生变形。耗能隔撑节点结构试验的 MTS 加载点位于梁端距柱翼缘 1200mm 处。试验加载过程为：先用千斤顶在柱顶轴向施加竖向恒定荷载，控制轴压比为 0.4，然后在梁端施加低周往复荷载，每级荷载循环 3 次，直到节点破坏。

4.2　低周往复荷载下不同布置方式的耗能隔撑钢框架抗震性能分析

为了研究不同耗能隔撑布置方式对钢框架结构抗震性能的影响，如耗能能力、耗能机理、破坏形式、延性性能以及刚度退化等恢复力特性，本章采取第 3 章已验证的建模方式，利用有限元软件 ABAQUS 对 4 种不同布设方式的 6 层 6 跨耗能隔撑钢框架结构进行单调荷载和循环往复荷载工况下的模拟分析，并与不布设耗能隔撑的纯钢框架结构的抗震性能进行对比，评价各个耗能隔撑钢框架的抗震性能。

4.2.1　耗能隔撑节点设计

4.2.1.1　模型的节点尺寸设计

本模型耗能隔撑节点的梁柱截面尺寸选自沈阳某多层钢框架结构，其梁柱节点详细尺寸如表 4-1 所示。在该实际框架基础上增设低屈服点耗能隔撑构件。框架边柱和中柱的耗能隔撑节点分别为 JD-1 和 JD-2，其耗能隔撑构件构造形式和尺寸均相同。各自详细构造如图 4-3 所示，耗能隔撑几何尺寸如表 4-2 所示。梁、柱截面均为 H 形截面，梁与柱采用刚性连接，耗能隔撑与梁柱采用刚接，梁与柱采用对接焊缝（全熔透的坡口焊）连接，焊缝质量为一级，焊接材料采用 E50 型焊条，其余焊缝均采用角焊缝连接，按等强度原则设计，焊接材料采用 E43 型焊条。

节点尺寸一览表（单位：mm）　　　　　　　　　　　　　　　表 4-1

名称	构件名称	构件尺寸	构件长度
耗能隔撑节点	梁	350×175×7×11	1200
	柱	300×300×10×15	1600

耗能隔撑节点基本参数（单位：mm）　　　　　　　　　　　　表 4-2

试件编号	试件名称	耗能隔撑宽度	耗能隔撑厚度	e_1	e_2
1	JD-1	80	8	720	720
2	JD-2	80	8	720	720

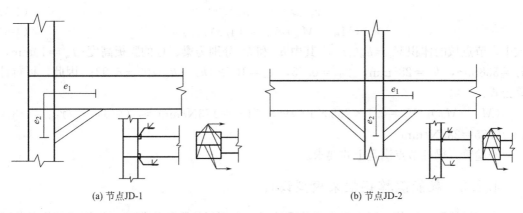

(a) 节点 JD-1　　　　　　　　　　　　　　(b) 节点 JD-2

图 4-3　节点示意图

4.2.1.2 焊缝验算

为了保证上述梁柱节点尺寸满足现行规范的要求，根据《钢结构设计标准》GB 50017—2017 和《建筑抗震设计规范》（2016 年版）GB 50011—2010 中的有关构造规定对该节点分别进行强柱焊缝验算、弱梁验算和节点域验算。

根据上述节点设计，对于钢柱的截面尺寸取 HW250×250×9×14（单位：mm），钢梁的截面尺寸取 HN350×175×7×11（单位：mm）。根据初步计算结果，梁端极限荷载 F 约为 198.67kN，剪力值 $V=F$。加载点距离梁柱焊缝距离为 1.2m，则节点焊缝处弯矩值为 $M=1.2F$。柱截面面积为 117.00cm^2，截面模量为 1459.35cm^3。梁柱节点根据下列公式验算焊缝：

$$\sigma_{max}=\frac{M}{W_w}\leqslant f_t^w \tag{4-1}$$

$$\tau_{max}=\frac{VS_w}{I_w{}^t}\leqslant f_v^w \tag{4-2}$$

$$\sqrt{\sigma+3\tau^2}\leqslant 1.1f_t^w \tag{4-3}$$

式中，W_w——焊缝截面弹性模量为 966.98 cm^3；S_w——焊缝截面面积为 68.08 cm^2；I_w——焊缝截面惯性矩为 15172.15 cm^4。焊缝强度设计值 $f_t^w=265$MPa，$f_v^w=180$MPa。上述公式求得的 $\sigma_{max}=246.54$MPa，$\tau_{max}=89.15$MPa。

经验算，焊缝强度满足设计要求。

4.2.1.3 强柱弱梁验算

可根据以下公式进行强柱弱梁验算：

$$\sum W_{pc}(f_{yc}-N/A_c)\geqslant \eta \sum W_{pb}f_{yb} \tag{4-4}$$

式中，柱和梁的塑性截面模量 W_{pc} 和 W_{pb} 分别为 1613.25 cm^3、1151.87 cm^3；f_{yc} 和 f_{yb} 分别为梁、柱所用钢材的屈服强度；轴压比为 0.4，则柱轴力 $N=0.4Af_y$，强柱系数 η 为 1.15。

$\sum W_{pc}(f_{yc}-N/A_c)=1613\times10^3\times2\times0.6\times345\times10^{-6}=667.78$kN·m$\geqslant\eta\sum W_{pb}f_{yb}=1.15\times1152\times345=457.06$kN·m。经验算，节点满足强柱弱梁要求。

4.2.1.4 节点域验算

根据现行《抗震规范》的规定，该截面柱节点域应按照以下公式进行验算：

$$\tau_w\geqslant(h_0+h_c)/90 \tag{4-5}$$

$$(M_{\delta 1}+M_{\delta 2})/V_p\leqslant(4/3)f_v/\gamma_{RB} \tag{4-6}$$

式中，节点域的体积 $V_p=h_\delta h_c t_w$，其中 h_δ 和 h_c 分别为梁、柱的腹板高度；$t_w=10$mm，$h_\delta=338$mm，$h_c=285$mm，$\gamma_{RB}=0.85$，$t_w=10\geqslant(h_\delta+h_c)/90=6.92$；因此，可得计算公式：

$(M_{\delta 1}+M_{\delta 2})/V_p=0.7\times238\times10^6/963\times10^3=173N/mm^2\leqslant(4/3)f_v/\gamma_{RB}=4/3\times180/0.85=282$N/mm^2

经验算，梁柱节点满足上式要求。

4.2.2 耗能隅撑钢框架模型设计

本节以沈阳地区某实际工程为基础设计了一系列耗能隅撑钢框架与钢框架三维整体模

型。其中模型整体采用了 6 层 6 跨的钢框架结构，层高为 4.2m，柱距为 6.6m，选取其中一榀作为模型分析单元。模型的立面图如图 4-4 所示。

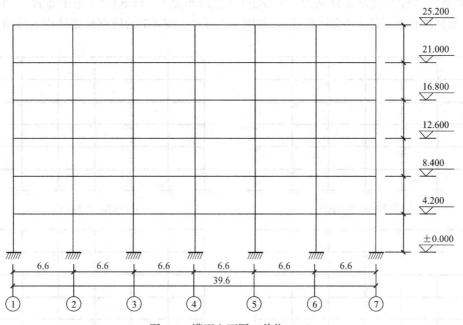

图 4-4　模型立面图（单位：m）

为了使钢框架结构耗能隔撑节点的耗能性能达到最优，根据《建筑抗震设计规范》（2016 年版）GB 50011—2010 中关于支撑框架体系的抗震构造要求，同时参考 Modid 等人针对耗能隔撑框架体系进行优化得到的相关结论，耗能隔撑尽量与框架呈 45°布置。本章耗能隔撑的截面尺寸和长度是依据杨磊的论文《钢框架梁柱连接隔撑耗能节点抗震性能研究》所给的建议值设计的：耗能隔撑构件截面宽度和厚度建议取值分别为 60～90mm、6～10mm，建议耗能隔撑在满足刚

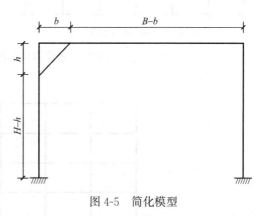

图 4-5　简化模型

度的前提下选择较大的宽度和厚度。本节的耗能隔撑截面尺寸根据上述建议取值为：80mm×8mm。耗能隔撑长度参数则是通过改变耗能隔撑两端到梁柱交点位置的偏心距来实现的，其建议取值为 $0.25 \leqslant h/H \leqslant 0.35$。则取值为 $b = h = 1.2$m，$b/B = 0.18$，$h/H = 0.28$（b 为耗能隔撑距柱的偏心距，h 为耗能隔撑距梁的偏心距，B 为框架跨度，H 为框架的层高）。耗能隔撑与梁柱采用刚接。耗能隔撑钢框架结构体系的简化模型如图 4-5 所示。

为了充分发挥耗能隔撑构件的力学性能，同时参考王秀丽、周学军等学者针对不同支撑形式在钢框架结构的布置方式的优化建议，布置时应考虑整体结构的工作性能，包括结构刚度、延性和强震作用下的弹塑性性能等，布置时通常以各层均布置为最优。本章选取了 4 种采用典型耗能隔撑布置方案和不增设耗能隔撑构件的纯钢框架（CKJ）作为有限元分析研究的对象。方案编号以框架的形式命名，例如，"YCKJ-1"表示"编号为 1 的耗能隔撑框架"。4 种布置方案分别为：YCKJ-1（边跨布置）、YCKJ-2（边中布置）、YCKJ-3（中跨布置）和 YCKJ-4（交错布置），如图 4-6 所示。图 4-7 为纯钢框架结构示意图。

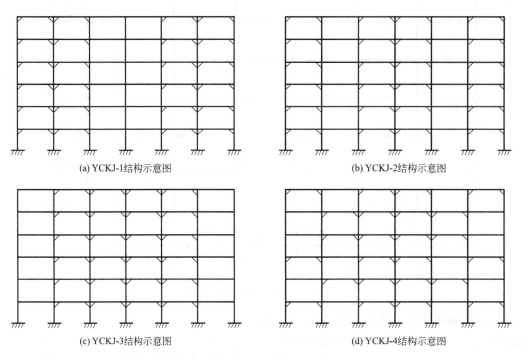

(a) YCKJ-1结构示意图

(b) YCKJ-2结构示意图

(c) YCKJ-3结构示意图

(d) YCKJ-4结构示意图

图 4-6　各隔撑布置方案钢框架结构示意图

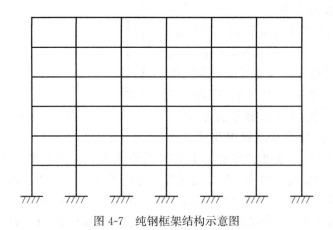

图 4-7　纯钢框架结构示意图

其中，耗能隔撑钢框架结构的总体设计和耗能隔撑布设原则是：

（1）所有布设在钢框架结构中的耗能隔撑的构造形式相同，即选取相同的耗能隔撑尺寸和偏心距。

（2）考虑到实际应用的经济因素，不采取结构每层每跨均布设耗能隔撑。同时为了体现耗能隔撑对于整体结构抗震性能的提升，4 种不同耗能隔撑布设方式的钢框架结构每层均布置 4 组隔撑，一组 2 个。

（3）4 种耗能隔撑布置方案结构中钢框架部分的尺寸均采用相同尺寸，从而保证每种方案钢框架的用钢量相同。

同时，为了体现耗能隔撑在钢框架结构中不同的布设位置，除了每种方案均遵守以上布设原则外，4 种耗能隔撑布设方案各自的布置特点如下：

（1）YCKJ-1 中的耗能隔撑均布置在钢框架的边跨位置上，即耗能隔撑沿竖向连续布置，同时布置在钢框架结构的左侧两跨和右侧两跨位置。

（2）YCKJ-2 中的耗能隔撑以在钢框架的边跨和中跨位置布置相结合的方式布设，即耗能隔撑沿竖向连续布置在钢框架的左右边跨各一跨和中间两跨的位置。

（3）YCKJ-3 中的耗能隔撑均布置在钢框架的中跨位置，即耗能隔撑沿竖向连续布置在钢框架的中间四跨的位置。

（4）YCKJ-4 中耗能隔撑在钢框架中的布设原则是耗能隔撑构件均匀地布设在结构中的每一跨上，即使钢框架结构中有尽可能多的跨上隔撑数量相等。同时，保证在钢框架结构中耗能隔撑沿框架对角线方向（即耗能隔撑通长方向）连续布置。

耗能隔撑钢框架和纯钢框架的有限元模型中梁、柱、耗能隔撑的钢材本构关系，各构件之间的相互作用和边界条件，梁、柱和耗能隔撑的单元类型选择以及其他模型参数等均与 4.1 节相同。

4.2.3 单调静力加载分析

4.2.3.1 加载方式

以模型 YCKJ-1 为例，各一榀 6 层 6 跨钢框架的荷载加载方式如图 4-8 所示。

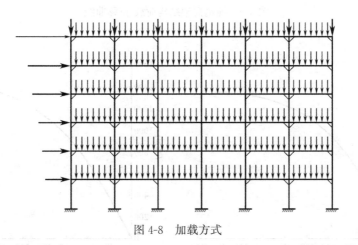

图 4-8 加载方式

在对结构进行循环往复荷载加载分析之前，需要已知钢框架结构的屈服位移和屈服荷载。因此，要对上述 4 种耗能隔撑钢框架和纯框架进行单调静力加载来确定结构的屈服位移和屈服荷载。单调静力加载采用荷载控制，柱顶控制轴压比为 0.4，考虑楼板自重以及与活荷载组合得到梁上均布荷载为 20kN/m。框架结构从底层到顶层加载点的侧向荷载比值为 1∶2∶3∶4∶5∶6。

4.2.3.2 单调静力加载结果分析

纯钢框架单调静力加载下顶层加载点的荷载位-移曲线如图 4-9 所示。各耗能隅撑钢框架单调静力加载下顶层加载点的荷载-位移曲线如图 4-10 所示。各耗能隅撑钢框架和纯钢框架结构在静力加载作用下的屈服荷载与屈服位移如表 4-3 所示。可以看出，耗能隅撑在结构中不同的布设位置对于结构的屈服位移和屈服荷载有一定程度的影响，随着耗能隅撑由边跨位置转移到中间跨，结构的屈服位移和屈服荷载均有所增加，模型 YCKJ-3 比 YCKJ-1 的屈服位移增加了 11mm，屈服荷载增加了 42kN。采用耗能隅撑交错布置的 YCKJ-4 具有最大的结构屈服位移和屈服荷载。同时对比不增设耗能隅撑构件的框架结构的屈服位移和屈服荷载，可以看出，加设耗能隅撑后结构的屈服位移和屈服荷载均有较大程度的提高，其中，模型 YCKJ-1 相对于模型 CKJ 的屈服荷载和屈服位移分别提高了约 20%、23%。

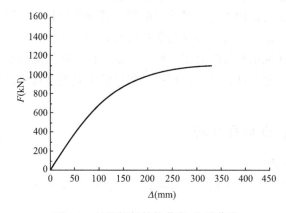

图 4-9　纯钢框架结构荷载-位移曲线

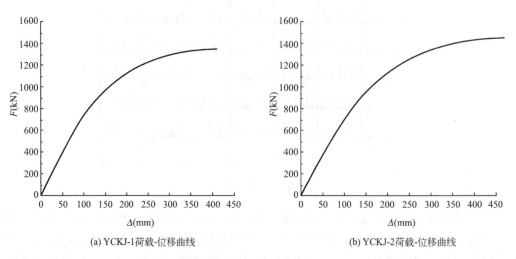

(a) YCKJ-1荷载-位移曲线　　　　　　　　　　(b) YCKJ-2荷载-位移曲线

图 4-10　各耗能隅撑钢框架结构荷载-位移曲线（一）

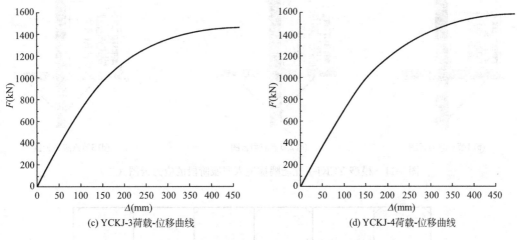

(c) YCKJ-3荷载-位移曲线　　　　　　　　(d) YCKJ-4荷载-位移曲线

图 4-10　各耗能隔撑钢框架结构荷载-位移曲线（二）

单调静力加载下结构的屈服荷载与屈服位移　　　　　　表 4-3

模型编号	屈服荷载（kN）	屈服位移（mm）
CKJ	489.20	87.85
YCKJ-1	610.12	108.34
YCKJ-2	635.56	112.02
YCKJ-3	652.71	119.43
YCKJ-4	679.62	124.91

　　分别选取部分结构在单调静力加载最开始出现耗能隔撑屈服时的模型应力云图和部分结构梁柱节点开始屈服时的应力云图。4 个模型的整体应力云图和部分节点的应力云图分别如图 4-11～图 4-14 所示。

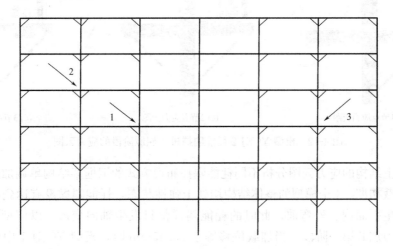

(a) 模型YCKJ-1应力云图

图 4-11　模型 YCKJ-1 耗能隔撑进入屈服阶段的应力云图（一）

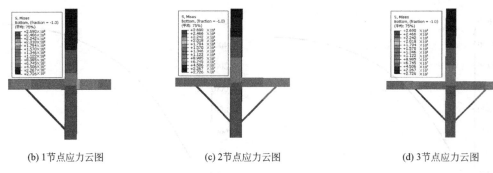

(b) 1节点应力云图　　　　　　(c) 2节点应力云图　　　　　　(d) 3节点应力云图

图 4-11　模型 YCKJ-1 耗能隔撑进入屈服阶段的应力云图（二）

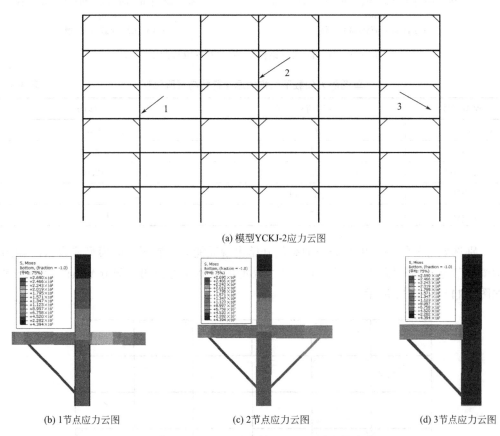

(a) 模型YCKJ-2应力云图

(b) 1节点应力云图　　　　　　(c) 2节点应力云图　　　　　　(d) 3节点应力云图

图 4-12　模型 YCKJ-2 耗能隔撑进入屈服阶段的应力云图

　　通过以上结构的应力云图分析不同耗能隔撑布设方式的钢框架结构单调加载时的破坏过程。在加载初期，4 个模型的整体结构均处于弹性状态，耗能隔撑没有达到临界失稳应力，不会发生平面内、外弯曲，此时的耗能隔撑都只发生轴向变形。以模型 YCKJ-1 为例，单调静力加载第一阶段：当加载位移等于 25.45mm 时，模型 YCKJ-1 中的耗能隔撑构件开始屈服，出现的位置主要集中在 2、6 轴线 2～5 层受压侧和 3、7 轴线 2～5 层的梁柱节点处。随着荷载的增加，结构大部分的耗能隔撑构件，包括受拉侧的耗能隔撑开始进入屈服阶段，而此时梁柱节点还均处于弹性阶段。第二阶段：继续加载，个别梁柱节点开

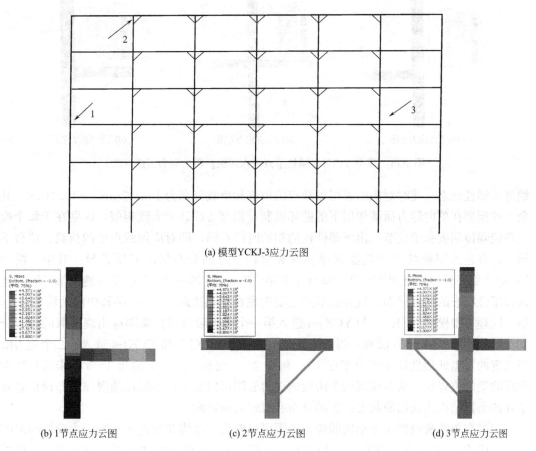

(a) 模型YCKJ-3应力云图

(b) 1节点应力云图　　　　　　　(c) 2节点应力云图　　　　　　　(d) 3节点应力云图

图 4-13　模型 YCKJ-3 梁柱节点进入屈服阶段的应力云图

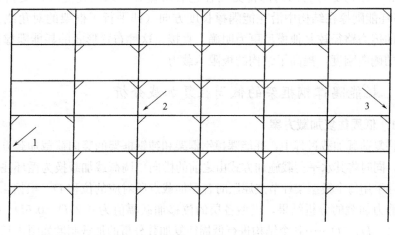

(a) 模型YCKJ-4应力云图

图 4-14　模型 YCKJ-4 梁柱节点进入屈服阶段的应力云图（一）

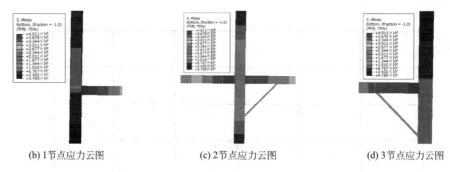

(b) 1节点应力云图　　　　　(c) 2节点应力云图　　　　　(d) 3节点应力云图

图 4-14　模型 YCKJ-4 梁柱节点进入屈服阶段的应力云图（二）

始进入塑性状态，此时对应的顶层加载点的位移和荷载分别为 108.12mm、610.34kN。其余 3 种模型在单向静力荷载作用下的破坏机制与模型 YCKJ-1 大致相似，区别在于每个模型耗能隅撑屈服和梁柱节点出现塑性铰的初始时间不同，即对应加载点处的荷载、位移不同，还有进入屈服状态的耗能隅撑构件和梁柱节点的分布情况有所差异。其中，模型 YCKJ-2 第一阶段出现屈服的耗能隅撑主要集中在 2、4 轴线 2~5 层受压侧，第二阶段进入弹塑性状态的靠近梁端位置处的节点主要出现在两侧边跨的 2~4 层和中间两跨的 3、4 层。同理可得模型 YCKJ-3 和 YCKJ-4 进入第一个应力阶段时耗能隅撑出现屈服的位置分别为轴线 5 受压侧 2~5 层和右侧两个边跨上。模型 YCKJ-3 和 YCKJ-4 进入第二个应力阶段出现的节点处塑性铰主要分布在 1、6 轴线 2~4 层和 1、3、7 轴线 3~5 层未增设耗能隅撑的梁端位置处。从各模型两个阶段的应力云图可以看出，不同耗能隅撑的布设位置对于耗能隅撑结构出现屈服状态位置的分布有着较大的影响。

通过在单调荷载作用下结构的应力云图可以看出，结构开始进入每个应力阶段的时间先后顺序为：YCKJ-1、YCKJ-2、YCKJ-3、YCKJ-4。分析造成这种现象的原因是：耗能隅撑在结构中的整体布置位置的不同引起了框架在承受外力荷载作用时的受力机制和侧移刚度发生变化，结构受力后的内部传力路径也有所差异。采用耗能隅撑交错布置的模型 YCKJ-4，各耗能隅撑在结构中沿耗能隅撑长度方向（即平行于框架的对角线方向）连续布置，结构的传力路径较其他模型更为明确、直接。这种布置形式的耗能隅撑构件给结构提供了较大的侧向刚度，提高了结构的极限承载力。

4.2.4　耗能隅撑钢框架的低周往复加载分析

4.2.4.1　低周往复加载方案

在低周往复荷载加载过程中，耗能隅撑钢框架和纯钢框架的竖向荷载加载方式与单调静力加载相同，同时将其水平荷载施加方式由之前的横向单调荷载加载换为循环往复的位移加载，加载位移采用每个模型梁柱节点屈服时各层加载点所对应的位移 D。根据 4.2.3 节中的各结构单调静力加载的分析结果，模型各层的位移加载幅值为 0.25D、0.5D、0.75D、D、1.5D、2D、2.5D、3D……各个结构进行低周往复加载分析的加载制度如图 4-15 所示。

4.2.4.2　低周往复加载应力分析

根据有限元分析结果，4 种耗能隅撑布置形式钢框架的梁柱主体结构和耗能隅撑的破坏形式均类似，即耗能隅撑构件发生轴向拉、压破坏。本节以耗能隅撑边跨布置的 YCKJ-1

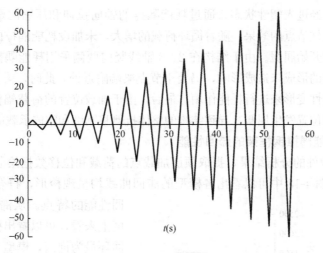

图 4-15　加载制度

模型为例，分析当位移加载到最大时结构中塑性铰的产生机理。对应其整体结构和部分节点的应力云图如图 4-16 所示。

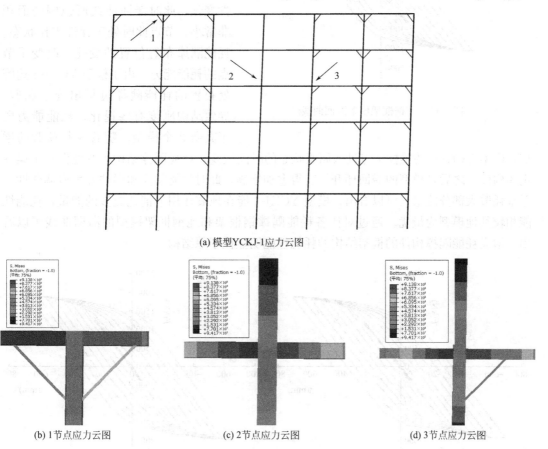

(a) 模型YCKJ-1应力云图

(b) 1节点应力云图　　　　　　(c) 2节点应力云图　　　　　　(d) 3节点应力云图

图 4-16　模型 YCKJ-1 加载到最大位移时的应力云图

　　在低周往复荷载作用下，由于耗能隔撑构件采用的是低屈服点的软钢，在梁柱未屈服之前，耗能隔撑就已经进入塑性状态，通过耗能隔撑的轴向拉伸和压缩的塑性变形来消耗能量，起到了保护梁柱节点的效果。随着循环荷载的增大，未加设耗能隔撑的中间跨靠近梁柱节点域的梁端位置开始屈服。由于结构在 2、6 轴线竖向两侧采用耗能隔撑对称布置，继续加载对结构塑性铰的形成未造成影响，仍处于节点梁端附近处，此时，梁、柱、耗能隔撑三者相互协调发生塑性变形来进行耗能作用。最后，由于加载位置的荷载幅值不断增大，耗能隔撑钢框架的柱脚位置发生屈服，导致结构的整体抗侧移刚度和整体承载能力急剧下降。

4.2.4.3　耗能隔撑钢框架的滞回性能

根据有限元软件的分析结果，提取顶层加载点的荷载和位移数据绘制各模型的滞回曲线，从图 4-17 和图 4-18 中可以看出各模型的滞回曲线均呈现梭形，符合典型钢结构的滞回性能的特点。从滞回曲线的饱满程度上来看，可以看出模型 YCKJ-4 的滞回环最为饱满，模型 YCKJ-3 次之，模型 YCKJ-2 的滞回曲线所包围的面积较小，模型 YCKJ-1 的最小。耗能隔撑构件处于弹性阶段时，荷载和位移呈线性变化，此时滞回曲线所包围的面积非常小，节点此时处于弹性工作状态。耗能隔撑布置位置的变化，改变了节点的耗能能力。由于模型 YCKJ-1 边跨处布置的耗能隔撑过早出现了屈服，导致结构刚度有些退化，耗能能力弱于其余 3 个模型。随着往复荷载的增

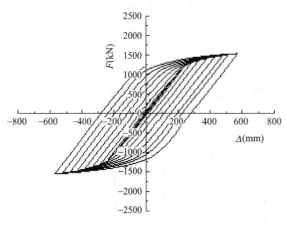

图 4-17　纯钢框架模型滞回曲线

加，模型 YCKJ-4 的梁柱节点进入屈服状态的时间最晚，耗能隔撑结构很好地保护了梁柱主体构件。之后各模型的滞回环开始变得愈加饱满，此时耗能隔撑和梁柱发生协调塑性变形来耗散大部分能量。可以看出，模型 YCKJ-4 能在地震作用下消耗更多的能量，耗能性能相较其他模型为最优。通过对比各耗能隔撑钢框架和纯钢框架模型的滞回曲线可以看出，增设耗能隔撑构件的框架结构的耗能性能明显优于原结构。

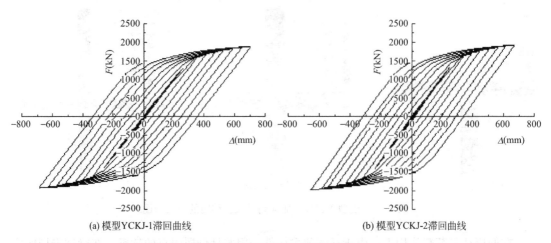

(a) 模型 YCKJ-1 滞回曲线　　　　　　　　　(b) 模型 YCKJ-2 滞回曲线

图 4-18　各耗能隔撑钢框架模型滞回曲线（一）

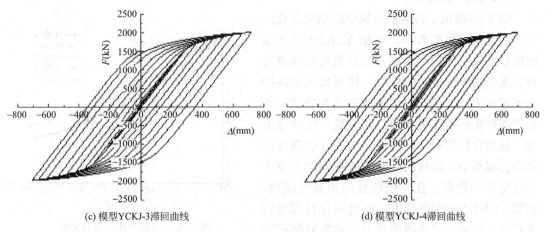

(c) 模型YCKJ-3滞回曲线　　　　　　　(d) 模型YCKJ-4滞回曲线

图 4-18　各耗能隔撑钢框架模型滞回曲线（二）

4.2.4.4　耗能隔撑钢框架的骨架曲线

骨架曲线是将滞回曲线的每个滞回环的上、下两个峰值点连接而成的一条曲线。它与单调加载曲线接近，能够反映出模型的屈服荷载和屈服位移、极限荷载和极限位移等特征点，同时它也能反映结构在每个阶段的受力与变形的特点，比如结构耗能、刚度退化和延性等力学性能。各钢框架模型的骨架曲线和部分循环荷载下的极限承载能力分别如图 4-19 和表 4-4 所示。

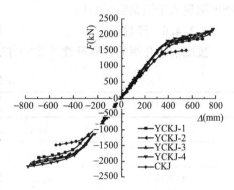

图 4-19　各模型骨架曲线对比分析

通过图表可以看出，在梁柱节点处耗能隔撑的布置位置对节点的承载能力和刚度也有一定影响，其中模型 YCKJ-4 给结构提供的刚度和承载力最大，而且比较稳定。除了模型 YCKJ-1，其余模型在各阶段的变形状态大致相同。随着耗能隔撑的布设位置由边跨转移到中间跨，模型在各循环的极限承载能力小幅度增大。在钢框架结构中增设了耗能隔撑构件后，结构的整体极限承载力和刚度均有不同程度的增大。

各模型循环极限承载力对比 （kN）　　　　　　　　　　表 4-4

极限承载力	0.5Δ	1.5Δ	3Δ	5Δ
CKJ	245.76	572.22	989.07	1416.13
YCKJ-1	304.29	710.96	1238.78	1755.89
YCKJ-2	315.05	724.72	1327.82	1826.61
YCKJ-3	326.43	735.33	1391.05	1883.79
YCKJ-4	341.52	752.08	1432.51	1920.32

4.2.4.5 刚度退化

图 4-20 给出了各钢框架模型的刚度退化曲线。通过曲线可以看出，模型 YCKJ-1 的初始刚度较其他结构偏小较多，而其他耗能隅撑布设方案的初始刚度较为接近，体现出耗能隅撑不同布置方式对结构的抗侧刚度影响较大。各耗能隅撑钢框架在很小的位移时就产生刚度退化，且退化幅度较大，主要是由于耗能隅撑的屈服位移很小，结构的刚度随着耗能隅撑发生塑性变形而降低。在一定位移的加载范围内，模型 YCKJ-4 的刚度最大，刚度退化过程也较为稳定，证明了该耗能隅撑总体布置对结构刚度的提高和稳定贡献较大。通过对比各耗能隅

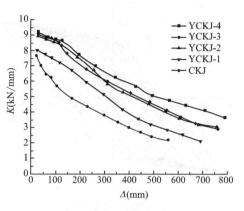

图 4-20 各模型刚度退化曲线

撑钢框架和纯钢框架模型的刚度退化曲线可以看出，增设耗能隅撑构件的框架结构的整体刚度明显大于纯钢框架结构。

4.2.4.6 延性

按照前述介绍的计算延性系数的方法，计算各模型延性系数，得到表 4-5 所示结果。

各模型延性系数表 表 4-5

模型编号	δ_n(mm)	δ_y(mm)	延性系数
CKJ	88.47	367.15	4.15
YCKJ-1	108.34	486.45	4.49
YCKJ-2	112.02	517.53	4.62
YCKJ-3	119.43	566.10	4.74
YCKJ-4	124.91	615.81	4.93

从表中可以看出，各钢框架的延性系数从大到小的排序是：YCKJ-4＞YCKJ-3＞YCKJ-2＞YCKJ-1＞CKJ。造成这种现象的原因在于各模型不同的耗能隅撑布置形式引起结构的极限承载力不同，且结构进入屈服的时间先后顺序不同，延性系数有所差别。我国《抗震规范》中对框架结构的抗震延性系数规定最低为 4.0，该计算结果满足规范要求。

4.2.4.7 耗能能力

结构的耗能能力采用等效黏滞阻尼系数和能量耗散系数 E 来进行评估。

等效黏滞阻尼系数 h_e 可按式（3-11）计算，能量耗散系数按 $E=2\pi h_e$ 计算。

各模型等效黏滞阻尼系数和能量耗散系数 表 4-6

模型编号	等效黏滞阻尼系数 h_e	能量耗散系数 E
CKJ	0.354	2.22
YCKJ-1	0.412	2.59
YCKJ-2	0.438	2.75

模型编号	等效黏滞阻尼系数 h_e	能量耗散系数 E
YCKJ-3	0.448	2.81
YCKJ-4	0.457	2.87

从表 4-6 中的数据可以看出，相比模型 YCKJ-1，YCKJ-2 的等效黏滞阻尼系数提高了约 6%，其余框架也都有了不同程度的提高，表明耗能隔撑的布置位置在一定程度上影响了结构的耗能能力，模型 YCKJ-4 具有最优的耗能能力。布设有耗能隔撑构件的钢框架的等效黏滞阻尼系数明显高于纯钢框架结构。

4.2.5　本节小结

本节通过有限元分析软件对 4 个 6 层 6 跨的耗能隔撑钢框架和纯钢框架结构进行了单调静力加载和低周往复加载数值分析，研究了不同耗能隔撑布置方式对于钢框架的抗震性能和耗能能力的影响，得到了如下结论：

（1）耗能隔撑钢框架采用低屈服点软钢的耗能隔撑作为主要耗能构件，在小震时能够很大程度地提高结构的刚度和极限承载能力，大震时通过耗能隔撑构件的塑性变形来消耗地震能量，推迟梁柱节点进入塑性状态的时间，进而保护了结构的主要构件。

（2）在结构受到单调荷载加载时，随着耗能隔撑由边跨位置转移到中间跨，结构的屈服位移和屈服荷载均有所增加，采用耗能隔撑交错布置的 YCKJ-4 模型具有最大的结构屈服位移和屈服荷载。每个模型耗能隔撑屈服和梁柱节点出现塑性铰的初始时间不同，以及进入屈服状态的耗能隔撑构件和梁柱节点的分布情况也有所差异。当耗能隔撑进入塑性状态后，耗能隔撑钢框架的刚度开始出现较小的退化，退化幅度比较缓慢。当耗能隔撑钢框架的主体构件梁柱进入塑性状态后，耗能隔撑钢框架的刚度退化开始变化明显，退化幅度较快，但结构破坏时，耗能隔撑钢框架仍具有相当大的刚度，符合抗震设计的要求。

（3）对比 4 个模型在低周往复加载的受力变形行为，耗能隔撑的布置方式影响结构梁柱节点进入塑性的时间，耗能隔撑越早进入塑性状态，附近节点进入塑性阶段所需的荷载越小。随着荷载的加大，模型 YCKJ-4 在提高结构极限承载力、刚度、耗能能力、延性性能等方面均不同程度地优于其余 3 个耗能隔撑钢框架结构。综合来看，模型 YCKJ-4 具有最好的抗震性能。最后，对比 4 个耗能隔撑钢框架模型与纯钢框架模型，前者的抗震性能均优于后者。

4.3　耗能隔撑钢框架动力时程分析

4.3.1　耗能隔撑钢框架模态分析

4.3.1.1　理论概述

结构的动力特性分析即是求解结构的固有频率和各阶振型，这主要是通过模态分析来完成。固有频率是结构体系自身具有的一种振动性质，一个结构体系的固有频率由该体系的质量分布、结构弹塑性和一些其他的力学性质决定。当结构所受外加作用力的频率与系统本身的固有频率非常接近时，会出现结构共振现象，严重时可能会最终造成结构破坏。模态是结构体系的固有振动特性，它具有特定的频率、阻尼比和模态振型。模态分析即是对结构体系的各阶模态特性进行研究，确定结构的振动特性，可以预测结构在各种振源作用下的实际振动响应，同时也是后续需要进行的结构地震反应时程分析的前提和重要研究内容。

模态分析是线性分析中的一类，在整个分析过程中只有线性行为是有效的，所以即使指定了非线性单元，其非线性性质也会在分析计算过程中被剔除掉。但材料的性质除了是非线性的，还可以是线性的、各向同性的、正交各向异性的、恒定的或与温度有关的，即使非线性性质被忽略，但在模态分析中需要指定与非线性性质相关的弹性模量和密度。通过 ABAQUS 有限元软件对不同耗能隔撑布置的钢框架结构进行模态分析，了解其各自的固有频率和振型，从而在结构设计应用中避免结构共振现象的发生。

4.3.1.2 ABAQUS 模态分析

阻尼是描述结构在振动过程中能量耗散特征的系数，与结构材料属性、连接方式以及结构体系等许多因素有关，可以通过实测获得。但对于高振型结构的阻尼实测起来比较困难。在结构运动方程中影响结构阻尼矩阵的因素较多，因此需要对阻尼矩阵 $[C]$ 进行调整。瑞利（Rayleigh）阻尼计算简单、方便，在结构动力分析中应用较多。本节采用瑞利阻尼来分析阻尼对于结构体系动力特性的影响。计算公式如下：

$$[C] = \alpha [M] + \beta [K] \tag{4-7}$$

式中　$[C]$——结构的阻尼矩阵；

　　　$[M]$——结构的质量矩阵；

　　　$[K]$——结构的刚度矩阵。

α、β 分别为质量阻尼系数和刚度阻尼系数，它们跟结构的频率 ω 和阻尼比 ξ 有关，而结构的频率 ω 和阻尼比 ξ 可以通过模态分析获得，计算方法如下：

$$\alpha = \frac{2\omega_i\omega_j\xi}{\omega_i + \omega_j} \tag{4-8}$$

$$\beta = \frac{2\xi}{\omega_i + \omega_j} \tag{4-9}$$

其中，ω_i 和 ω_j 分别为结构的第 i、j 阶振型的频率。耗能隔撑钢框架结构的阻尼比根据《抗震规范》的相关规定，在多遇地震下对结构进行分析时取值 0.04；在罕遇地震下对结构进行分析时取值 0.05。根据模态分析的结果，可得到各钢框架结构的前两阶振型（图 4-21～图 4-24）。

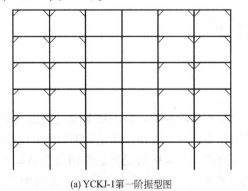

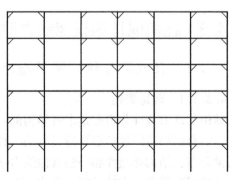

(a) YCKJ-1第一阶振型图　　　　　　　(b) YCKJ-2第一阶振型图

图 4-21　各方案耗能隔撑钢框架第一阶振型图（一）

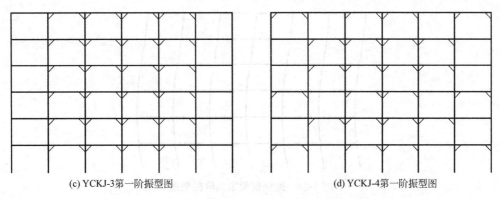

(c) YCKJ-3第一阶振型图　　　　　　　(d) YCKJ-4第一阶振型图

图 4-21　各方案耗能隅撑钢框架第一阶振型图（二）

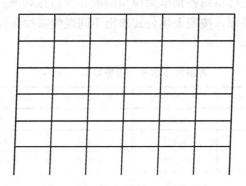

图 4-22　纯钢框架第一阶振型图

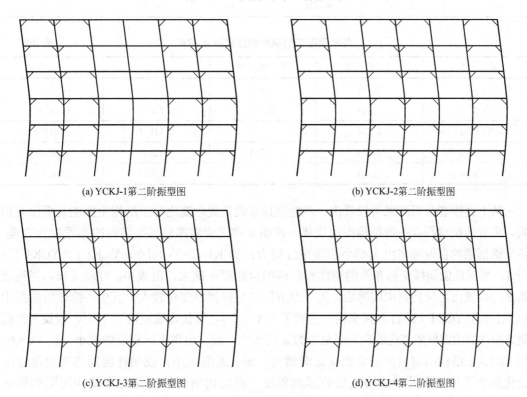

(a) YCKJ-1第二阶振型图　　　　　　　(b) YCKJ-2第二阶振型图

(c) YCKJ-3第二阶振型图　　　　　　　(d) YCKJ-4第二阶振型图

图 4-23　各方案耗能隅撑钢框架第二阶振型图

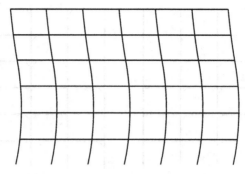

图 4-24 纯钢框架第二阶振型图

根据模态分析结果还可得到各钢框架模型的前 5 阶自振频率（表 4-7），选取表 4-7 中各钢框架的前两阶自振频率，按照上述公式求出不同耗能隅撑布设形成的钢框架结构的瑞利阻尼常数 α 和 β（表 4-8）。

各钢框架前 5 阶自振频率（rad/s）　　　　表 4-7

模型编号	第一阶振型	第二阶振型	第三阶振型	第四阶振型	第五阶振型
CKJ	1.387	4.210	6.133	6.938	8.713
YCKJ-1	1.428	4.937	6.944	7.874	9.524
YCKJ-2	1.495	5.329	7.576	9.091	10.204
YCKJ-3	1.544	5.566	7.692	9.259	10.638
YCKJ-4	1.584	6.634	8.197	9.709	11.020

各框架结构的瑞利阻尼常数 α 和 β　　　　表 4-8

模型编号	第一阶振型	第二阶振型	α	β
CKJ	1.387	4.210	0.10434	0.01787
YCKJ-1	1.428	4.937	0.11076	0.01571
YCKJ-2	1.495	5.329	0.11675	0.01465
YCKJ-3	1.544	5.566	0.12087	0.01406
YCKJ-4	1.584	6.634	0.12787	0.012168

从上述模态分析结果可以看出，耗能隅撑布设位置的变化对于结构主振型几乎没有影响，所有的振型符合一般结构振动规律，说明 4 种耗能隅撑钢框架结构的布置较为合理。各个钢框架的自振频率由大到小的排序分别为：YCKJ-4＞YCKJ-3＞YCKJ-2＞YCKJ-1＞CKJ。采用耗能隅撑交错布置的钢框架结构的自振频率最大。由表 4-8 可以发现，当耗能隅撑的位置由边跨转到中间跨后，第三至五阶的自振频率变化较大。其中，第四阶振型中 YCKJ-3 和 YCKJ-1 的自振频率相差达到了 1.4 rad/s，增长幅度超过了 17%。增设了耗能隅撑构件后的钢框架结构的瑞利阻尼常数 α 均增大，而 β 出现不同程度的减小。从 YCKJ-1 到 YCKJ-4 结构的瑞利阻尼常数 α 逐渐增大，而 β 逐渐减小，说明耗能隅撑布设位置的变化加大了结构质量对结构阻尼的影响程度，而结构刚度的变化对于结构阻尼的影响减弱。

4.3.2　动力弹塑性分析

4.3.2.1　概述

采用动力弹塑性分析法对结构进行地震反应分析时，需要直接输入地震波加速度时程曲线。地震是一种随机振动，地震波受多种外界因素影响而变化，如地震发生地区的断层位置、震中距、地质条件和场地类别等。不同的地震波记录，它们的震动特性都不相同，即使它们的最大加速度相同，分析结果也相差甚远。因此，考虑地震振动的随机性以及选取不同地震波带来的计算结果的差异性，合理选择地震波来进行动力弹塑性分析是确保最后模拟分析计算结果合理性的重要前提。

根据我国《建筑抗震设计规范》（2016 年版）GB 50011—2010 中的相关规定，采用动力弹塑性分析法对结构进行地震反应分析时，应按建筑场地类别和设计地震分组至少选取3 条地震波，其中包括 2 条自然地震波与 1 条人工模拟的地震波。前两条自然地震波选取典型的强震记录，这种地震波是在结构的弹塑性分析中常选用的，与实际情况最接近，动力时程分析的结果能够较真实地预测未来地震对结构的地震反应，进而对结构安全性、可靠性进行评估，以及在结构设计时能很好地使建筑物的自振周期远离场地的自振周期，避免发生共振现象。第 3 条人工模拟地震波，是根据建筑物场地的地质状况，通过数学的概率方法产生随机地震波，包括地面运动加速度、频谱特性、震动持续时间、地震能量等。该种地震波一方面可以由国家地震相关部门根据场地条件专门提供，另一方面也可以使用国内外广泛使用的典型人工地震波。但这种人工地震波产生的理论和机制的可靠性尚不完善，因此这种地震波在工程中一般作为第二补充，如我国《建筑抗震设计规范》GB 50011要求采用动力时程分析法时需要选用根据建筑场地类别的一组人工地震波，即加速度时程曲线作为补充。由于不同的地震波适用于不同的场地条件，目前国内外应用最多的自然地震波是 El-Centro 和 Taft 地震记录，前者的地震波加速度值较大，同一加速度下结构产生的地震效应也更强。

本节研究的场地为 Ⅱ 类场地，根据场地条件和规范要求，选取 El-Centro 波、Taft 波以及一条人工合成的兰州波作为对结构进行动力弹塑性分析的地震波。对震动的持续时间进行调整，使时间尽量足够长，建议取值大于 10 倍的结构基本周期。所有地震波的加载时间均为 10s，El-Centro 波和 Taft 波取 500 步，步长为 0.02s；人工合成兰州波取 1000步，步长为 0.01s。3 种地震波的时程曲线如图 4-25 所示。

根据场地地质条件、建筑物的结构特性等因素对地震波的地震动强度、频谱特性和持续时间进行调整。地震动强度包括加速度峰值、速度峰值和位移峰值，加速度峰值是地震动的主要因素；地震波频谱特性的调整，使地震波的功率谱的形状和卓越周期与建筑物场地的频谱特性相同。因此，采用时程分析法对结构进行分析时，应对所选用的地震记录加速度峰值采用调幅法，即不改变地震时程曲线原来的形状，按照适当的比例放大或缩小，使加速度峰值与设计建筑物场地设防烈度相对应的多遇地震和罕遇地震时的峰值加速度相等。调幅法所用的地震加速度峰值的调整公式为：

$$A'(t) = \frac{A'_{\max}}{A_{\max}} A(t) \tag{4-10}$$

式中，$A(t)$ 为 t 时刻所对应原地震时程曲线的地震加速度值；$A'(t)$ 表示 t 时刻

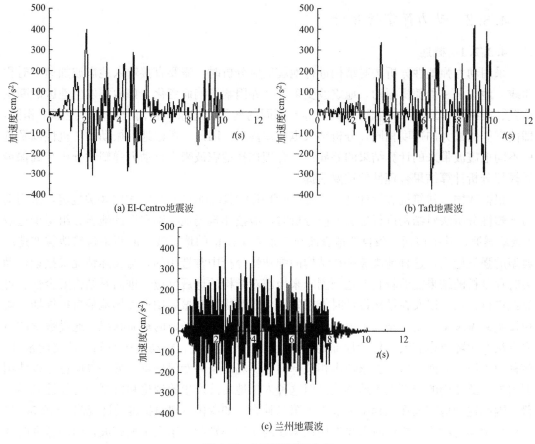

图 4-25　加速度时程曲线

经过调整后对应所取设防烈度的地震加速度值；A_{max} 表示原地震时程曲线的地震加速度峰值；A'_{max} 为所取设防烈度的多遇或罕遇地震的加速度峰值。参照《抗震规范》，多遇地震与罕遇地震的最大加速度设计值如表 4-9 所示。

时程分析法所用地震加速度时程曲线的最大值（cm/s^2）　　　　　表 4-9

地震类型	6 度	7 度	8 度	9 度
多遇地震	18	35(55)	70(110)	140
罕遇地震	125	220(310)	400(510)	620

注：括号内数值分别用于设计基本地震加速度为 $0.15g$ 和 $0.30g$ 的地区。

本节所建模型所在场地的基本参数为：设防烈度为 7 度，Ⅱ类场地，设计基本加速度取 $0.1g$。按照表 4-9 的要求，动力弹塑性分析在多遇地震下所取的地震加速度峰值为 $35cm/s^2$，罕遇地震下为 $220cm/s^2$。

4.3.3　El-Centro 地震波下的时程分析

4.3.3.1　多遇地震下的计算结果

1. 层位移和层间位移角

在多遇 El-Centro 地震波作用下分别对 4 种不同耗能隔撑布置的钢框架结构和纯钢框

架结构进行了弹塑性时程分析，分析耗能隔撑布设在不同位置对于结构每层最大层位移和层间位移角的影响。表 4-10 和表 4-11 分别给出了各框架各层最大层位移和最大层间位移角的数据。

各框架最大层位移　　　　　　　　　　　　　　　　表 4-10

楼层编号	最大层位移（mm）					最大层位移增减（%）		
	CKJ	YCKJ-1	YCKJ-2	YCKJ-3	YCKJ-4	YCKJ-2	YCKJ-3	YCKJ-4
1	1.48	1.23	1.18	1.12	1.10	−4.07	−8.94	−10.57
2	3.65	3.02	2.89	2.64	2.67	−4.30	−12.58	−11.59
3	8.69	7.24	6.84	6.32	5.89	−5.52	−12.71	−18.65
4	13.14	10.95	9.92	9.36	9.12	−9.41	−14.52	−19.11
5	15.47	12.89	12.24	11.21	10.45	−5.04	−13.03	−17.81
6	17.17	14.25	13.82	12.85	12.25	−3.02	−9.63	−10.95

注：表中的增减百分比为各模型与 YCKJ-1 对比的结果。表 4-11～表 4-39 同。

各框架最大层间位移角　　　　　　　　　　　　　　表 4-11

楼层编号	最大层间位移角（×10⁻²）					最大层间位移角增减（%）		
	CKJ	YCKJ-1	YCKJ-2	YCKJ-3	YCKJ-4	YCKJ-2	YCKJ-3	YCKJ-4
1	0.0351	0.0293	0.0281	0.0267	0.0262	−4.10	−8.87	−10.58
2	0.0511	0.0426	0.0407	0.0382	0.0364	−4.46	−10.02	−14.25
3	0.0726	0.0605	0.0640	0.0623	0.0617	−6.47	−12.84	−16.70
4	0.0651	0.0543	0.0563	0.0514	0.0498	−9.49	−11.74	−14.35
5	0.0554	0.0462	0.0425	0.0410	0.0394	−8.01	−11.26	−14.21
6	0.0388	0.0324	0.0308	0.0295	0.0289	−4.94	−8.95	−10.80

根据表 4-10、表 4-11 绘制出各钢框架最大层位移和层间位移角的数据走向对比图，如图 4-26 所示。

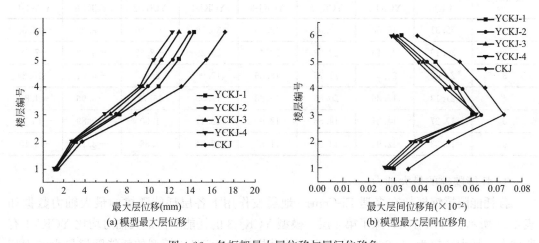

(a) 模型最大层位移　　　　　　　　　　　(b) 模型最大层间位移角

图 4-26　各框架最大层位移与层间位移角

从以上图表可以看出，4 个耗能隔撑钢框架中 YCKJ-4 的每层最大层位移和层间位移角相对于其他3个模型均为最小，其中 YCKJ-1 最大层位移为14.25mm，最大层间位移角为0.000605。4个模型的层间位移角的最大值均出现在第3层，最大相差16.7%。随着耗能隅撑的布置由边跨转移到中间跨，钢框架结构的层位移和层间位移角均逐渐减小。增设了耗能隅撑构件的钢框架结构的每层最大层位移和层间位移角均小于原型结构。

2. 框架柱的最大轴力和弯矩

表4-12和表4-13给出了各框架在多遇 El-Centro 地震波作用下的各层框架柱的最大轴力和弯矩的数据。从表中可以看出，模型 YCKJ-3 和 YCKJ-4 相较于 YCKJ-1 的各层框架柱的最大轴力和最大弯矩均有所减小。其中，模型 YCKJ-3 的层间柱的最大轴力在5层的减幅达到最大值——−17.81%；模型 YCKJ-4 的层间柱最大弯矩的减幅最大达到−16.58%。在3～6层，模型 YCKJ-2 的层间柱最大弯矩相较于 YCKJ-1 均有不同程度的增大。在布置了耗能隅撑构件后的钢框架结构的层间柱最大轴力和最大弯矩均有所减小，其中最大减幅达到了−18.4%。

各框架柱的最大轴力　　　　　　　　　　表 4-12

楼层编号	最大轴力(kN)					最大轴力增减(%)		
	CKJ	YCKJ-1	YCKJ-2	YCKJ-3	YCKJ-4	YCKJ-2	YCKJ-3	YCKJ-4
1	556.39	488.66	456.55	474.90	443.41	−6.57	−2.82	−9.26
2	440.85	400.71	407.86	386.27	369.64	1.78	−3.60	−7.75
3	372.69	318.91	330.18	297.16	283.44	3.53	−6.82	−11.12
4	205.48	171.24	170.20	153.18	142.66	−0.61	−10.55	−16.69
5	81.42	69.52	63.49	57.14	59.43	−8.68	−17.81	−14.52
6	18.12	15.10	16.59	14.93	13.44	9.91	−1.08	−10.97

各框架柱的最大弯矩　　　　　　　　　　表 4-13

楼层编号	最大弯矩(kN·m)					最大弯矩增减(%)		
	CKJ	YCKJ-1	YCKJ-2	YCKJ-3	YCKJ-4	YCKJ-2	YCKJ-3	YCKJ-4
1	52.81	46.50	42.03	42.65	38.79	−9.60	−8.28	−16.58
2	30.19	25.16	22.99	23.44	23.25	−8.62	−6.82	−7.58
3	23.08	20.07	21.75	18.86	17.90	8.37	−6.01	−10.84
4	21.13	17.86	20.66	16.08	17.00	15.73	−9.96	−4.81
5	17.27	14.31	14.58	12.90	12.41	1.90	−9.89	−13.32
6	15.33	12.94	13.94	11.89	12.54	7.66	−8.15	−3.10

3. 耗能隅撑的最大轴力

各耗能隅撑钢框架在多遇 El-Centro 地震波作用下各层耗能隅撑的最大轴力数据如表4-14所示。可以看出，除了第4层，模型 YCKJ-3 的耗能隅撑最大轴力均比 YCKJ-1 有所增大，最大增幅为13.26%。在一定数值范围内，YCKJ-4 模型的耗能隅撑最大轴力相比其他模型为最大，随着耗能隅撑的布置由边跨转移到中间跨，钢框架结构各层耗能隅撑最大轴力逐渐增大。其中，顶层的耗能隅撑最大轴力为36.39kN。

各框架耗能隔撑的最大轴力　　　　　　　　表 4-14

楼层编号	最大轴力（kN）				最大轴力增减（%）		
	YCKJ-1	YCKJ-2	YCKJ-3	YCKJ-4	YCKJ-2	YCKJ-3	YCKJ-4
1	95.59	92.84	100.84	101.68	−2.51	6.86	7.24
2	82.01	87.55	92.41	94.41	5.84	11.07	16.42
3	68.53	66.43	74.88	72.97	−31.5	10.51	6.54
4	57.30	55.28	55.23	60.99	−2.61	−2.68	7.13
5	44.78	47.71	48.46	49.68	9.00	10.37	12.60
6	31.57	34.90	35.76	36.39	10.55	13.26	15.27

4.3.3.2　罕遇地震下的计算结果

1. 层位移和层间位移角

表 4-15 和表 4-16 给出了各框架在罕遇 El-Centro 地震波作用下的各层最大层位移和层间位移角的数据。

各框架最大层位移　　　　　　　　表 4-15

楼层编号	最大层位移（mm）					最大层位移增减（%）		
	CKJ	YCKJ-1	YCKJ-2	YCKJ-3	YCKJ-4	YCKJ-2	YCKJ-3	YCKJ-4
1	8.68	7.21	7.34	7.28	7.05	1.82	0.98	−2.21
2	16.62	13.89	13.35	12.94	12.61	−3.90	−6.85	−9.23
3	26.03	21.74	20.51	20.13	19.49	−5.64	−7.38	−10.31
4	35.86	29.88	27.50	26.51	26.17	−7.97	−11.25	−12.40
5	46.43	38.69	34.91	32.43	31.52	−9.78	−16.19	−18.53
6	58.15	48.49	43.29	42.15	41.16	−10.78	−13.07	−15.11

各框架最大层间位移角　　　　　　　　表 4-16

楼层编号	最大层间位移角（×10⁻²）					最大层间位移角增减（%）		
	CKJ	YCKJ-1	YCKJ-2	YCKJ-3	YCKJ-4	YCKJ-2	YCKJ-3	YCKJ-4
1	0.1451	0.1216	0.1248	0.1233	0.1179	2.24	1.39	−3.11
2	0.1633	0.1391	0.1301	0.1288	0.1254	−5.47	−7.44	−9.87
3	0.2505	0.2138	0.1963	0.1920	0.1869	−9.22	−10.21	−12.59
4	0.2212	0.1899	0.1724	0.1708	0.1647	−9.78	−10.06	−13.25
5	0.1876	0.1647	0.1505	0.1482	0.1459	−6.64	−10.01	−11.41
6	0.1819	0.1533	0.1318	0.1285	0.1255	−15.35	−16.16	−18.09

根据表 4-15、表 4-16 绘制出各个钢框架最大层位移和层间位移角的数据走向对比图，如图 4-27 所示。从图表中可以看出，除了底层，各模型的每层最大层位移和层间位移角均在模型 YCKJ-1 中产生，它的顶层最大位移为 48.49mm，顶层最大层间位移角为 0.001533。其余 3 种模型相较于 YCKJ-1 的最大层位移和最大层间位移角的减幅最大值均在顶层出现，分别为 −15.35%、−16.16% 和 −18.09%。除了顶层，模型 YCKJ-4 对比

YCKJ-1 的最大层位移和层间位移角的减幅随着结构层数的递增而逐渐增大，和之前多遇地震相同的是，4 种钢框架的最大层间位移角均出现在第 3 层。同时，没有布置耗能隅撑构件的纯钢框架结构的各层最大层位移和层间位移角均大于其余 4 种结构。

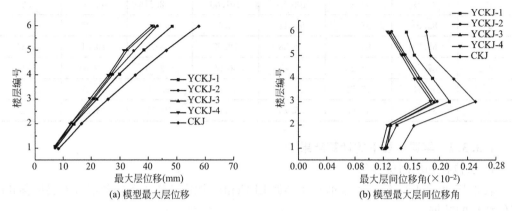

(a) 模型最大层位移 　　　　(b) 模型最大层间位移角

图 4-27　各框架最大层位移与层间位移角

2. 框架柱的最大轴力和弯矩

表 4-17 和表 4-18 分别给出了各框架在罕遇 El-Centro 地震波作用下的各模型层间柱最大轴力和弯矩的数据。

各框架柱的最大轴力　　　　表 4-17

楼层编号	最大轴力(kN)					最大轴力增减(%)		
	CKJ	YCKJ-1	YCKJ-2	YCKJ-3	YCKJ-4	YCKJ-2	YCKJ-3	YCKJ-4
1	3010.71	2592.25	2485.31	2333.03	2289.21	−4.13	−13.01	−13.50
2	1954.06	1795.05	1746.93	1787.15	1744.20	−2.68	−0.44	−2.83
3	1527.93	1323.28	1288.93	1245.55	1245.69	−2.60	−5.87	−5.86
4	901.61	768.01	752.95	699.01	654.37	−1.96	−8.98	−14.80
5	332.58	293.82	301.24	295.64	248.97	2.52	0.62	−14.73
6	81.45	67.88	70.91	61.56	59.26	4.46	−9.31	−12.70

各框架柱的最大弯矩　　　　表 4-18

楼层编号	最大弯矩(kN·m)					最大弯矩增减(%)		
	CKJ	YCKJ-1	YCKJ-2	YCKJ-3	YCKJ-4	YCKJ-2	YCKJ-3	YCKJ-4
1	268.76	232.30	209.45	196.66	200.31	−9.84	−15.34	−13.77
2	150.69	128.91	123.34	116.82	120.62	−4.32	−9.38	−6.43
3	121.06	104.22	114.23	91.39	92.58	9.61	−12.30	−11.16
4	102.79	89.83	99.53	81.57	77.16	10.79	−9.20	−14.11
5	91.39	76.16	82.44	69.34	64.74	8.25	−8.95	−15.00
6	70.54	61.29	68.77	55.96	55.29	12.20	−8.69	−9.78

从表中可以看出，随着耗能隅撑的布置位置由边跨转移到中跨，框架顶层层间柱的最

大轴力和第 3~6 层层间柱的最大弯矩均出现了先增大后减小的情况，其中最大增幅和减幅分别为 12.20%、−12.30%。对比其他耗能隅撑模型，模型 YCKJ-4 在一定数值范围内具有最小的各层层间柱轴力和弯矩，其中其底层柱的最大轴力和弯矩分别为 2289.21kN 和 200.31kN·m。增设了耗能隅撑构件的框架结构的层间柱最大轴力和最大弯矩均有不同程度的减小。

3. 耗能隅撑的最大轴力

各耗能隅撑钢框架在罕遇 El-Centro 地震波作用下隅撑的最大轴力的数据如表 4-19 所示。由此可以看出，除了顶层，模型 YCKJ-4 其余各层的耗能隅撑最大轴力值均大于其他 3 个模型，其顶层的耗能隅撑最大轴力为 58.52kN。模型 YCKJ-2 相较于 YCKJ-1 各层耗能隅撑轴力最大值的增减幅度变化较大，其中，最大减幅为 −2.64%，最大增幅为 17.39%。

各框架耗能隅撑的最大轴力　　　　　　　　　　　　表 4-19

楼层编号	最大轴力(kN)				最大轴力增减(%)		
	YCKJ-1	YCKJ-2	YCKJ-3	YCKJ-4	YCKJ-2	YCKJ-3	YCKJ-4
1	221.82	231.43	249.81	256.26	4.33	12.62	15.53
2	175.86	182.18	199.45	206.42	3.59	13.41	17.38
3	147.71	143.81	152.08	159.57	−2.64	2.96	8.03
4	95.76	110.57	111.52	112.18	15.47	16.46	17.16
5	70.74	77.63	81.66	81.81	9.74	15.43	15.65
6	51.34	60.27	60.55	58.52	17.39	17.94	13.98

4.3.4　Taft 地震波下的时程分析

4.3.4.1　多遇地震下的计算结果

1. 层位移和层间位移角

在多遇 Taft 地震波作用下分别对 4 种不同耗能隅撑布置的钢框架和不加设耗能隅撑构件的纯钢框架结构进行了弹塑性时程分析，分析耗能隅撑布设在不同位置对于结构的层位移和层间位移角的影响。表 4-20 和表 4-21 分别给出了各框架各层最大层位移和最大层间位移角的数据。

各框架最大层位移　　　　　　　　　　　　表 4-20

楼层编号	最大层位移(mm)					最大层位移增减(%)		
	CKJ	YCKJ-1	YCKJ-2	YCKJ-3	YCKJ-4	YCKJ-2	YCKJ-3	YCKJ-4
1	1.25	1.04	1.13	1.06	1.01	8.65	1.92	−1.19
2	3.16	2.63	2.78	2.61	2.49	5.93	−0.79	−2.83
3	6.10	5.25	5.15	4.94	4.79	2.02	−4.24	−5.65
4	8.21	6.97	6.98	6.77	6.55	0.16	−3.14	−5.88
5	11.52	9.85	9.71	9.42	9.17	−1.58	−4.86	−6.50
6	13.95	12.46	12.22	12.02	11.31	−2.29	−4.21	−10.99

各框架最大层间位移角 表 4-21

楼层编号	最大层间位移角（×10⁻²）					最大层间位移角增减（%）		
	CKJ	YCKJ-1	YCKJ-2	YCKJ-3	YCKJ-4	YCKJ-2	YCKJ-3	YCKJ-4
1	0.0287	0.0248	0.0269	0.0252	0.0240	8.65	1.92	−2.88
2	0.0416	0.0355	0.0369	0.0345	0.0339	4.03	−2.68	−4.56
3	0.0671	0.0576	0.0564	0.0551	0.0544	−2.07	−4.38	−5.62
4	0.0708	0.0590	0.0575	0.0556	0.0552	−4.05	−6.19	−6.45
5	0.0402	0.0338	0.0317	0.0310	0.0300	−5.34	−8.17	−11.27
6	0.0428	0.0383	0.0360	0.0351	0.0321	−6.21	−8.45	−16.15

根据表 4-20 和表 4-21 绘制出各钢框架的最大层位移和层间位移角的数据走向对比图，如图 4-28 所示。

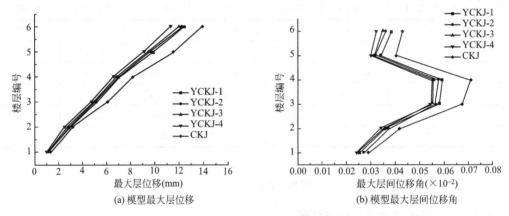

图 4-28　各框架最大层位移与层间位移角

从表 4-20、表 4-21、图 4-28、图 4-29 可看出，4 个耗能隅撑框架中 YCKJ-4 的每层最大层位移和层间位移角相对于其他 3 个模型均为最小值，其中 YCKJ-4 顶层最大层位移为 11.31mm，最大层间位移角为 0.000552。4 个模型的层间位移角的最大值均出现在第 4 层。模型 YCKJ-3 和 YCKJ-4 的各层最大层间位移角较模型 YCKJ-1 的减幅从底层到顶层逐渐增大，最大减幅分别为 −8.45% 和 −16.15%。增设耗能隅撑构件的框架结构的最大层位移和层间位移角均小于原型结构。

2. 框架柱的最大轴力和弯矩

各框架在多遇 Taft 地震波作用下的框架层间柱最大轴力和弯矩如表 4-22 和表 4-23 所示。从表中可以看出，在一定数值范围内，模型 YCKJ-4 具有最小的层间柱轴力和弯矩，其底层层间柱的最大轴力和最大弯矩分别为 394.63kN 和 38.52kN·m。除了顶层，模型 YCKJ-3 和 YCKJ-4 相对于 YCKJ-1 各层层间柱最大轴力和弯矩的减幅随着层数的递增而逐渐增大，其中，最大轴力减幅分别为 −10.05% 和 −23.44%。没有布置耗能隅撑构件的钢框架结构各层层间柱最大轴力和弯矩均大于其余 4 个耗能隅撑框架结构。

各框架柱的最大轴力　　　　　　　　　　　　　　表 4-22

楼层编号	最大轴力(kN)					最大轴力增减(%)		
	CKJ	YCKJ-1	YCKJ-2	YCKJ-3	YCKJ-4	YCKJ-2	YCKJ-3	YCKJ-4
1	501.88	434.90	407.13	422.66	394.63	−6.39	−2.82	−9.26
2	417.96	356.63	364.59	343.78	319.54	2.23	−3.60	−10.40
3	340.59	283.83	301.86	271.67	248.26	6.35	−4.28	−12.53
4	182.88	152.40	145.88	144.33	122.70	−4.28	−5.30	−19.49
5	74.24	61.87	56.66	55.65	47.37	−8.42	−10.05	−23.44
6	16.12	13.44	14.77	13.53	12.76	9.91	0.71	−5.02

各框架柱的最大弯矩　　　　　　　　　　　　　　表 4-23

楼层编号	最大弯矩(kN·m)					最大弯矩增减(%)		
	CKJ	YCKJ-1	YCKJ-2	YCKJ-3	YCKJ-4	YCKJ-2	YCKJ-3	YCKJ-4
1	49.25	41.38	37.58	38.93	38.52	−9.18	−5.92	−6.91
2	26.36	22.39	19.04	20.95	20.49	−14.98	−6.43	−8.47
3	21.43	17.86	20.07	16.32	16.14	12.36	−8.66	−9.63
4	19.06	15.89	18.39	14.77	13.77	15.73	−11.51	−13.37
5	15.28	12.74	12.27	11.06	10.40	−3.69	−13.14	−18.34
6	13.42	11.52	12.40	10.35	11.16	7.66	−10.14	−3.10

3. 耗能隔撑最大轴力

各框架在多遇 Taft 地震波作用下耗能隔撑的最大轴力如表 4-24 所示。可以看出，在一定数值范围内，各模型耗能隔撑轴力的最小值均在模型 YCKJ-1 中产生，而其最大值出现在模型 YCKJ-4 中。随着结构中耗能隔撑的位置由边跨转移到中间跨，耗能隔撑的轴力在大多数情况下出现了不同程度的增加，最大增幅出现在框架第 4 层，其数值为 15.81%，对应模型 YCKJ-3 的耗能隔撑最大轴力为 63.10kN。

各框架耗能隔撑的最大轴力　　　　　　　　　　表 4-24

楼层编号	最大轴力(kN)				最大轴力增减(%)		
	YCKJ-1	YCKJ-2	YCKJ-3	YCKJ-4	YCKJ-2	YCKJ-3	YCKJ-4
1	88.53	86.31	95.79	94.94	−2.51	8.21	7.24
2	78.95	83.56	86.06	88.75	5.84	9.00	12.41
3	69.45	67.27	77.98	78.35	−3.15	12.28	12.81
4	54.49	53.06	63.10	63.91	−2.61	15.81	17.30
5	38.61	42.09	42.24	43.13	9.00	9.38	11.70
6	22.25	24.60	23.92	24.68	10.55	7.51	10.93

4.3.4.2　罕遇地震下的计算结果

1. 层位移和层间位移角

表 4-25 和表 4-26 给出了各框架在罕遇 Taft 地震波作用下各层的最大层位移和层间位

移角的数据。

各框架最大层位移　　　　　　　　　表 4-25

楼层编号	最大层位移(mm)					最大层位移增减(%)		
	CKJ	YCKJ-1	YCKJ-2	YCKJ-3	YCKJ-4	YCKJ-2	YCKJ-3	YCKJ-4
1	6.60	6.34	6.12	5.77	5.41	−3.47	−8.99	−14.67
2	12.32	11.1	10.81	9.96	9.73	−2.61	−10.27	−12.34
3	20.17	16.81	15.87	14.94	14.02	−5.59	−11.12	−16.60
4	31.01	25.84	23.04	21.85	20.93	−10.84	−15.44	−19.00
5	38.04	33.37	32.64	29.23	28.04	−2.19	−12.41	−15.97
6	45.26	40.22	38.48	35.89	34.70	−4.33	−10.77	−13.72

各框架最大层间位移角　　　　　　　　表 4-26

楼层编号	最大层间位移角(×10⁻²)					最大层间位移角增减(%)		
	CKJ	YCKJ-1	YCKJ-2	YCKJ-3	YCKJ-4	YCKJ-2	YCKJ-3	YCKJ-4
1	0.1812	0.1510	0.1457	0.1394	0.1338	−3.47	−7.67	−11.36
2	0.1319	0.1133	0.1117	0.1098	0.1029	−1.47	−3.15	−9.24
3	0.1632	0.1360	0.1295	0.1186	0.1121	−4.76	−12.78	−17.51
4	0.2489	0.2150	0.2007	0.1845	0.1835	−6.64	−14.17	−14.65
5	0.2131	0.1793	0.1716	0.1657	0.1693	−4.30	−7.57	−5.58
6	0.1857	0.1631	0.1590	0.1526	0.1586	−2.48	−6.45	−2.77

根据表 4-25 和表 4-26 绘制出各框架的最大层位移和层间位移角的数据走向对比图,如图 4-29 所示。

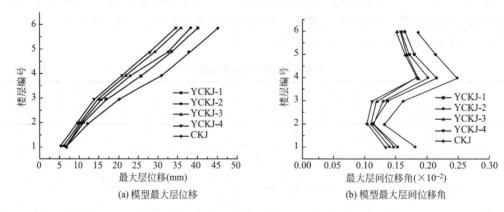

图 4-29　各框架最大层位移与层间位移角

从以上图表可以看出,4 个耗能隔撑钢框架中 YCKJ-4 的每层最大层位移和层间位移角相对于其他 3 个模型均为最小值,其中模型 YCKJ-4 最大层位移为 34.70mm,最大层间位移角为 0.001835。3 个模型相对于 YCKJ-1 的层位移减幅最大值和层间位移角的减幅最大值均出现在第 4 层,分别为−6.64%、−14.17%和−14.65%。同时,在框架结构中布设耗能隅撑构件减小了结构在地震反应作用下的各层最大层位移和层间位移角。

2. 框架柱的最大轴力和弯矩

各框架在罕遇 Taft 地震波作用下的最大层间柱轴力和弯矩如表 4-27 和表 4-28 所示。从图表中可以看出，相较于 YCKJ-1，其余 3 个模型的层间柱最大轴力从顶层到底层由增大转变为减小，且减幅逐渐增加（除了模型 YCKJ-4 的底层柱最大轴力减幅），最大减幅值分别为 −10.89％、−13.38％和 −15.45％。同时，在 3~6 层，模型 YCKJ-2 较于模型 YCKJ-1 的层间柱最大弯矩均有所增大，其第 4 层层间柱最大弯矩达到了 88.58kN·m。同时，在框架结构中布设耗能隅撑构件减小了结构在地震反应作用下的各层层间柱最大轴力和弯矩。

各框架柱的最大轴力 表 4-27

楼层编号	最大轴力(kN)					最大轴力增减(％)		
	CKJ	YCKJ-1	YCKJ-2	YCKJ-3	YCKJ-4	YCKJ-2	YCKJ-3	YCKJ-4
1	2668.52	2307.10	2055.93	1998.39	1957.92	−10.89	−13.38	−15.14
2	2501.24	2083.54	1936.97	1836.18	1761.65	−7.03	−11.87	−15.45
3	1623.17	1385.98	1316.41	1257.52	1198.36	−5.02	−9.27	−13.54
4	810.23	683.53	670.13	649.50	620.00	−1.96	−4.98	−9.29
5	313.80	261.50	268.10	250.95	237.87	2.52	−4.03	−9.03
6	71.50	60.42	62.42	63.73	56.81	3.31	5.49	−5.96

各框架柱的最大弯矩 表 4-28

楼层编号	最大弯矩(kN·m)					最大弯矩增减(％)		
	CKJ	YCKJ-1	YCKJ-2	YCKJ-3	YCKJ-4	YCKJ-2	YCKJ-3	YCKJ-4
1	238.17	206.75	186.41	191.74	172.04	−9.84	−7.26	−16.79
2	137.67	114.73	109.78	111.26	103.12	−4.32	−3.03	−10.12
3	110.34	92.75	101.67	91.48	92.44	9.61	−1.37	−0.34
4	95.94	79.95	88.58	75.96	71.96	10.79	−5.00	−10.00
5	81.33	67.78	73.37	65.80	65.62	8.25	−2.92	−3.20
6	62.46	54.55	61.20	53.89	47.96	12.20	−1.20	−12.07

3. 耗能隅撑最大轴力

各框架在罕遇 Taft 地震波作用下的耗能隅撑最大轴力如表 4-29 所示。

各框架耗能隅撑的最大轴力 表 4-29

楼层编号	最大轴力(kN)				最大轴力增减(％)		
	YCKJ-1	YCKJ-2	YCKJ-3	YCKJ-4	YCKJ-2	YCKJ-3	YCKJ-4
1	88.53	86.31	95.79	94.94	−2.51	8.21	7.24
2	78.95	83.56	86.06	88.75	5.84	9.00	12.41

楼层编号	最大轴力（kN）				最大轴力增减（%）		
	YCKJ-1	YCKJ-2	YCKJ-3	YCKJ-4	YCKJ-2	YCKJ-3	YCKJ-4
3	69.45	67.27	77.98	78.35	−3.15	12.28	12.81
4	54.49	53.06	63.10	63.91	−2.61	15.81	17.30
5	38.61	42.09	42.24	43.13	9.00	9.38	11.70
6	22.25	24.60	23.92	24.68	10.55	7.51	10.93

综合结构内力的比较数据可以看出，模型 YCKJ-2 的各层耗能隔撑最大轴力相较于 YCKJ-1 变化不大，最大的增幅为 10.55%。在一定范围内，各层耗能隔撑轴力的最大值均出现在模型 YCKJ-4 中，其顶层耗能隔撑的最大轴力为 24.68kN。

4.3.5 人工合成地震波下的时程分析

4.3.5.1 多遇地震下的分析结果

1. 层位移和层间位移角

在多遇人工合成地震波作用下分别对各钢框架结构进行了弹塑性时程分析，分析耗能隔撑布设在不同位置对于结构的层位移和层间位移角的影响。表 4-30 和表 4-31 给出了各框架各层最大层位移和层间位移角的数据。

各框架最大层位移 表 4-30

楼层编号	最大层位移（mm）					最大层位移增减（%）		
	CKJ	YCKJ-1	YCKJ-2	YCKJ-3	YCKJ-4	YCKJ-2	YCKJ-3	YCKJ-4
1	1.31	1.14	1.23	1.21	1.18	7.89	6.14	3.51
2	3.62	3.08	3.12	2.92	2.96	1.30	−5.19	−3.90
3	6.15	5.21	4.99	4.76	4.71	−4.22	−8.64	−9.60
4	8.36	6.97	6.71	6.39	6.38	−3.73	−8.32	−8.46
5	11.74	9.75	9.02	8.54	8.39	−7.49	−12.41	−13.95
6	13.39	11.41	10.99	10.39	10.22	−3.68	−8.94	−10.43

各框架最大层间位移角 表 4-31

楼层编号	最大层间位移角（×10⁻²）					最大层间位移角增减（%）		
	CKJ	YCKJ-1	YCKJ-2	YCKJ-3	YCKJ-4	YCKJ-2	YCKJ-3	YCKJ-4
1	0.0315	0.0271	0.0293	0.0288	0.0281	7.89	6.14	3.51
2	0.0524	0.0462	0.0450	0.0407	0.0424	−2.58	−11.86	−8.25
3	0.0608	0.0507	0.0445	0.0438	0.0417	−12.21	−13.62	−17.84
4	0.0502	0.0419	0.0410	0.0388	0.0398	−2.27	−7.39	−5.11
5	0.0440	0.0392	0.0380	0.0352	0.0329	−3.04	−10.21	−16.16
6	0.0474	0.0395	0.0369	0.0340	0.0336	−6.63	−13.86	−15.06

根据表 4-30 和表 4-31 绘制出各个框架的层位移和层间位移角的数据走向对比图，如

图 4-30 所示。

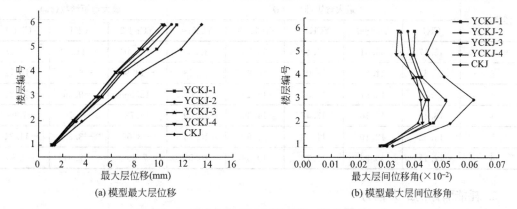

(a) 模型最大层位移　　　　　(b) 模型最大层间位移角

图 4-30　各框架最大层位移与层间位移角

从以上图表可以看出，4个耗能隅撑钢框架中 YCKJ-4 在一定取值范围内每层最大层位移和层间位移角相对于其他3个模型均为最小值，其中 YCKJ-4 顶层最大层位移为10.22mm，最大层间位移角为 0.000424。除了模型 YCKJ-4，其余3个模型的层间位移角的最大值均出现在第3层。同时，相对于 YCKJ-1，其余3个模型的最大层位移减幅均发生在第5层，其中，模型 YCKJ-3 对应的减幅为－12.41%。除了结构的1层、2层，随着耗能隅撑的布置位置由边跨转移到中间跨，钢框架结构的层位移和层间位移角均逐渐减小。与纯钢框架结构相比，耗能隅撑框架的各层最大层位移和层间位移角均有所减小。

2. 框架柱的最大轴力和弯矩

各框架在多遇人工合成地震波作用下的各层层间柱最大轴力和弯矩如表 4-32 和表 4-33 所示。从表中可以看出，模型 YCKJ-2 较于 YCKJ-1 的各层层间柱最大轴力变化幅度不大，其中，在第5层轴力减幅达到－7.59%。模型 YCKJ-4 较于 YCKJ-1 各层层间柱轴力和弯矩减幅较大，其中最大轴力减幅和弯矩减幅分别达到－20.58%，－19.72%。在底层，从模型 YCKJ-1 到 YCKJ-4 层间柱最大轴力依次减小，其中，最小值为 358.90kN，最大值为 413.16kN。与耗能隅撑钢框架相比，纯钢框架的各层层间柱的最大轴力和最大弯矩均有不同程度的增大。

各框架柱的最大轴力　　　　　　　　　　　　　　　　表 4-32

楼层编号	最大轴力（kN）					最大轴力增减（%）		
	CKJ	YCKJ-1	YCKJ-2	YCKJ-3	YCKJ-4	YCKJ-2	YCKJ-3	YCKJ-4
1	475.79	413.16	386.01	374.33	358.90	－6.57	－9.40	－13.13
2	401.56	338.80	344.04	328.19	284.55	1.55	－3.13	－16.01
3	313.56	269.64	279.16	251.25	235.65	3.53	－6.82	－12.61
4	163.73	144.78	142.30	130.31	119.76	－1.71	－9.99	－17.28
5	70.13	58.78	54.32	51.51	46.68	－7.59	－12.36	－20.58
6	14.31	12.76	13.47	12.23	11.92	5.52	－4.21	－6.59

各框架柱的最大弯矩 表 4-33

楼层编号	最大弯矩(kN·m)					最大弯矩增减(%)		
	CKJ	YCKJ-1	YCKJ-2	YCKJ-3	YCKJ-4	YCKJ-2	YCKJ-3	YCKJ-4
1	45.17	39.31	34.19	34.70	32.80	−13.04	−11.72	−16.58
2	25.52	21.27	18.09	19.95	17.08	−14.98	−6.24	−19.72
3	20.36	16.97	19.07	15.43	15.05	12.36	−9.06	−11.31
4	18.12	15.10	17.47	14.39	13.89	15.73	−4.70	−7.99
5	14.52	12.10	11.65	11.69	10.73	−3.69	−3.39	−11.34
6	12.11	10.94	11.78	10.09	10.52	7.66	−7.81	−3.83

3. 耗能隅撑的最大轴力

各框架在多遇人工合成地震波作用下的耗能隅撑最大轴力如表 4-34 所示。可以看出，4 种布设方案的耗能隅撑最大轴力发生在模型 YCKJ-4 中，其中，底层和顶层的耗能隅撑最大轴力分别为 91.12kN 和 25.17kN。模型 YCKJ-2 和 YCKJ-3 相较于 YCKJ-1 的耗能隅撑最大轴力的变化幅度不大，其中，最大增幅达到了 10.74%。

各框架耗能隅撑的最大轴力 表 4-34

楼层编号	最大轴力(kN)				最大轴力增减(%)		
	YCKJ-1	YCKJ-2	YCKJ-3	YCKJ-4	YCKJ-2	YCKJ-3	YCKJ-4
1	84.95	82.82	91.84	91.12	−2.51	8.12	7.26
2	75.76	80.19	83.90	88.46	5.84	10.74	16.76
3	66.65	64.55	73.35	71.00	−3.15	10.06	6.54
4	52.29	50.92	56.71	56.33	−2.61	8.47	7.74
5	37.05	40.39	40.36	42.83	9.00	8.92	15.58
6	21.35	23.61	23.33	25.17	10.55	9.25	17.86

4.3.5.2 罕遇地震下的分析结果

1. 层位移和层间位移角

表 4-35 和表 4-36 分别给出了各不同耗能隅撑布置钢框架结构和纯钢框架结构在罕遇人工合成地震波作用下各层最大层位移和层间位移角的数据。

各框架最大层位移 表 4-35

楼层编号	最大层位移(mm)					最大层位移增减(%)		
	CKJ	YCKJ-1	YCKJ-2	YCKJ-3	YCKJ-4	YCKJ-2	YCKJ-3	YCKJ-4
1	7.06	5.89	5.91	5.82	5.59	0.34	−1.19	−5.09
2	13.35	11.46	10.47	9.72	9.49	−8.64	−15.18	−17.19
3	20.44	17.37	15.83	14.71	14.18	−8.87	−15.31	−18.36
4	25.60	23.84	22.73	20.95	20.89	−4.66	−12.12	−12.37
5	35.99	30.83	29.97	26.89	26.02	−2.79	−12.78	−15.60
6	44.41	38.68	36.94	35.85	35.66	−4.50	−7.32	−7.81

各框架最大层间位移角   表 4-36

楼层编号	最大层间位移角（×10⁻²）					最大层间位移角增减（%）		
	CKJ	YCKJ-1	YCKJ-2	YCKJ-3	YCKJ-4	YCKJ-2	YCKJ-3	YCKJ-4
1	0.1602	0.1402	0.1407	0.1386	0.1331	0.34	−1.19	−5.09
2	0.1491	0.1326	0.1286	0.1229	0.1129	−3.05	−7.36	−14.90
3	0.1678	0.1407	0.1376	0.1288	0.1247	−2.20	−8.46	−11.40
4	0.3028	0.2540	0.2343	0.2286	0.2098	−7.87	−10.03	−17.43
5	0.1936	0.1664	0.1724	0.1514	0.1421	3.58	−9.01	−14.59
6	0.1712	0.1469	0.1360	0.1333	0.1295	−7.46	−9.24	−11.83

从以上图表可以看出，4 个耗能隔撑钢框架中的模型 YCKJ-4 的每层最大层位移和层间位移角相对于其他 3 个模型均为最小值，其中模型 YCKJ-4 最大层位移为 35.66mm，最大层间位移角为 0.002098。对比模型 YCKJ-1，其余 3 个模型的最大层间位移角的最大减幅均出现在第 4 层，分别为−7.87%、−10.03% 和−17.43%。在一定数值范围内，随着耗能隔撑的布置位移由边跨转移到中间跨，钢框架结构的层位移和层间位移角均逐渐减小。与不布置耗能隔撑构件的原型结构相比，耗能隔撑钢框架结构的各层最大层位移和最大层间位移角均有不同程度的减小。

根据表 4-35 和表 4-36 绘制出各个框架最大层位移和层间位移角的数据走向对比图，如图 4-31 所示。

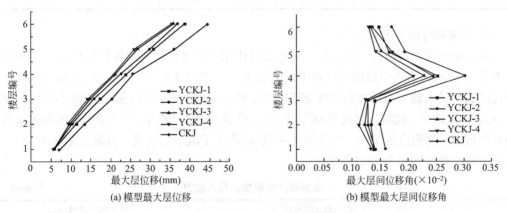

(a) 模型最大层位移   (b) 模型最大层间位移角

图 4-31 各框架最大层位移与层间位移角

2. 框架柱的最大轴力和弯矩

各框架在罕遇人工合成地震波作用下的各层层间柱最大轴力和最大弯矩的数据如表 4-37 和表 4-38 所示。从表中可以看出，对比模型 YCKJ-1，模型 YCKJ-2 的各层层间柱最大轴力和弯矩的变化不大，最大增减幅度为 11.53%。除了第 2 层和第 6 层，4 种耗能隔撑钢框架的最小层间柱轴力和弯矩均发生在模型 YCKJ-4 中，其底层柱的最大轴力和弯矩分别为 1878.76kN 和 171.84kN·m。可以看出，通过在钢框架结构中布设耗能隔撑构件有效地降低了整体结构在地震反应作用下的各层层间柱的最大轴力和最大弯矩。

各框架柱的最大轴力 表 4-37

楼层编号	最大轴力(kN)					最大轴力增减(%)		
	CKJ	YCKJ-1	YCKJ-2	YCKJ-3	YCKJ-4	YCKJ-2	YCKJ-3	YCKJ-4
1	2597.54	2247.95	2155.61	1911.15	1878.76	−4.11	−14.98	−16.42
2	2416.13	2030.11	2199.31	1791.10	1724.80	8.33	−11.77	−15.04
3	1520.52	1350.44	1323.86	1215.88	1123.87	−1.97	−9.96	−16.78
4	779.38	666.00	653.50	607.40	590.10	−1.88	−8.80	−11.40
5	301.74	254.79	253.23	237.31	222.97	−0.62	−6.86	−12.49
6	70.24	58.87	61.06	51.86	52.44	3.72	−11.90	−10.92

各框架柱的最大弯矩 表 4-38

楼层编号	最大弯矩(kN·m)					最大弯矩增减(%)		
	CKJ	YCKJ-1	YCKJ-2	YCKJ-3	YCKJ-4	YCKJ-2	YCKJ-3	YCKJ-4
1	225.69	196.41	177.25	174.95	171.84	−9.76	−10.93	−12.51
2	130.82	109.00	105.89	97.70	100.65	−2.85	−10.37	−7.66
3	103.73	88.11	96.74	79.86	74.74	9.79	−9.36	−15.18
4	90.14	75.95	84.71	71.56	68.56	11.53	−5.79	−9.73
5	73.26	64.39	69.70	62.75	55.53	8.25	−2.55	−13.76
6	60.18	51.82	56.54	46.88	47.25	9.12	−9.54	−8.82

3. 耗能隔撑的最大轴力

各耗能隔撑钢框架在罕遇人工合成地震波作用下的各层耗能隔撑构件的最大轴力数据如表 4-39 所示。由表中数据可以看出，相较于模型 YCKJ-1，模型 YCKJ-3 和 YCKJ-4 各层耗能隔撑最大轴力的增加幅度随着楼层的递增而逐渐减小，两个模型的最小增幅分别为 2.11% 和 3.68%。同时，对比模型 YCKJ-1，模型 YCKJ-2 在第 1～3 层的耗能隔撑最大轴力均出现了不同程度的增大，而在第 4～6 层却出现了减小的情况，其减幅最大在第 6 层，其耗能隔撑最大轴力为 47.53kN。

各框架耗能隔撑的最大轴力 表 4-39

楼层编号	最大轴力(kN)				最大轴力增减(%)		
	YCKJ-1	YCKJ-2	YCKJ-3	YCKJ-4	YCKJ-2	YCKJ-3	YCKJ-4
1	186.17	193.00	216.67	211.21	3.67	16.38	13.45
2	152.35	156.96	174.53	169.83	3.02	14.56	11.47
3	118.68	124.22	134.91	128.59	4.67	13.68	8.35
4	85.02	84.37	94.85	91.05	−0.77	11.56	7.09
5	63.20	62.25	69.17	66.31	−1.49	9.46	4.93
6	48.46	47.53	49.48	50.24	−1.91	2.11	3.68

4.3.6　两种不同抗震分析方法得到的基底剪力的比较

本小节仅选取 4 种耗能隔撑钢框架模型（模型 YCKJ-1、模型 YCKJ-2、模型 YCKJ-3、模型 YCKJ-4）分别在多遇 El-Centro 地震波、Taft 地震波以及人工合成兰州地震波作用下进行动力时程分析得到各模型的基底剪力时程曲线，如图 4-32～图 4-34 所示。随后，将动力时程分析法得到的模拟数据与另一种结构抗震分析方法（底部剪力法）计算得到的剪力数值进行比较，用以验证本章对各框架模型进行动力时程分析所得到的模拟数据的可靠性。

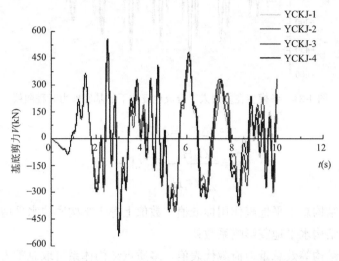

图 4-32　各模型在多遇 El-Centro 地震波下的基底剪力时程曲线

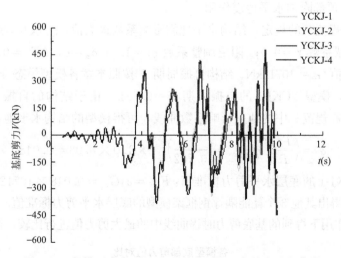

图 4-33　各模型在多遇 Taft 地震波下的基底剪力时程曲线

采用底部剪力法计算结构底层剪力时，6 层耗能隔撑钢框架结构可简化为具有相同质量的 6 个质点，每个质点可仅取 1 个自由度。按照如下公式进行计算：

$$F_{EK} = \alpha_1 G_{eq} \tag{4-11}$$

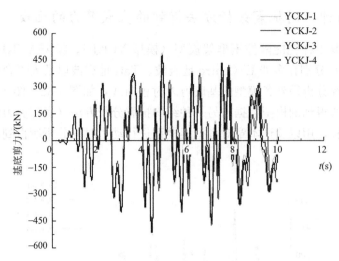

图 4-34　各模型在多遇人工合成地震波下的基底剪力时程曲线

$$\Delta F_{n}=\delta_{n}F_{EK} \tag{4-12}$$

$$F_{i}=\frac{G_{i}H_{i}}{\sum_{j-1}^{n}G_{j}H_{j}}F_{EX}(1-\delta_{n}) \tag{4-13}$$

式中　　F_{EK}——结构总水平地震作用标准值，数值上等于结构底层水平剪力标准值；

α_{1}——结构水平地震影响系数；

G_{eq}——结构等效总重力荷载代表值，多质点结构体系可取总重力代表值的 85%；

δ_{n}——顶部附加地震作用系数；

ΔF_{n}——顶部附加水平地震作用。

　　根据《抗震规范》的规定，结构水平地震影响系数最大值 α_{max} 取 0.08，地震特征周期 $T_{g}=0.4s$；衰减系数 $\gamma=0.9$；阻尼调整系数 $\eta_{2}=1.0$；$\delta_{n}=0$，$\Delta F_{n}=0$。各模型的结构总重力荷载代表值 $G_{eq}=10712kN$。结构自振周期 T 按照本章各模型模态分析的第一阶周期进行取值，其中，模型 YCKJ-1 的自振周期 $T=0.702s$。由于结构的自振周期 $T_{g}<T<5T_{g}$，根据《抗震规范》中的地震影响系数曲线，可得模型的结构水平地震影响系数：

$$\alpha_{1}=\left(\frac{T_{g}}{T}\right)^{\gamma}\eta_{2}\alpha_{max}=\left(\frac{0.4}{0.702}\right)^{0.9}\times1.0\times0.08=0.048$$

则可得模型 YCKJ-1 的底层水平剪力标准值：$F_{EK}=\alpha_{1}G_{eq}=0.048\times10712=488.44kN$。

　　同理可计算得出其他 3 个耗能隔撑钢框架模型的底层水平剪力标准值。将其与各模型在 3 种多遇地震动作用下得到的基底剪力时程曲线中的最大剪力值进行比较，得到表 4-40。

各模型底部剪力值对比　　　　　　　　　　　　　　　　　　　　　表 4-40

模型编号	时程分析法（kN）			底部剪力法（kN）	平均比值（%）
	El-Centro 波	Taft 波	人工波		
YCKJ-1	463.67	438.03	405.50	488.44	89.25
YCKJ-2	485.33	461.58	432.40	509.96	90.24

模型编号	时程分析法(kN)			底部剪力法(kN)	平均比值(%)
	El-Centro 波	Taft 波	人工波		
YCKJ-3	506.29	474.47	440.56	532.09	88.97
YCKJ-4	525.13	501.63	466.42	556.54	89.45

注：表中的平均比值为各模型采用时程分析法得到的 3 组最大剪力值与底部剪力法的计算剪力值的平均比值。

从表 4-40 中的数据可以看出，所有模型在 El-Centro 地震波作用下的基底剪力最大，Taft 地震波次之，人工合成波最小。在多遇地震作用下，El-Centro 地震波要比其他两个地震波引起结构更大的底部剪力。4 个模型在相同地震波作用下的基底剪力由大到小的排序是：YCKJ-4＞YCKJ-3＞YCKJ-2＞YCKJ-1。两种抗震分析方法所得到的结构在不同地震动作用下的基底剪力在数值上比较接近，验证了采用动力时程分析法模拟结构地震响应的准确性。

4.3.7　本节小结

本节对 4 种不同耗能隔撑布设方案的钢框架结构和纯钢框架结构的抗震性能进行了详细分析。首先，通过模态分析比较了耗能隔撑不同布置位置对于钢框架结构自振频率和振型的影响，然后对其进行了弹塑性时程分析，比较了不同耗能隔撑布设方式对于结构在 3 种地震动作用下的动力反应的影响，最后对两种不同的抗震分析方法得出的各模型基底剪力进行了对比分析，总结出如下结论：

（1）耗能隔撑在框架中的布设位置的不同对结构的振型几乎没有影响，但是会引起结构的自振频率的变化。随着耗能隔撑的位置由边跨转移到中间跨，钢框架的自振频率逐渐增大，且第 4 种方案的模型具有最大的自振频率。

（2）各种模型在 3 种地震波作用下，对比分析各层层位移和层间位移角的数据，在大多数情况下，模型 YCKJ-4 的数值均能保持在最小值，模型 CKJ 的数值则均大于其他模型。但这两种参数在不同的地震动下对于结构的影响规律有所不同。

（3）综合比较 4 种耗能隔撑钢框架结构和纯钢框架结构在动力弹塑性分析后结构的内力——层间柱最大轴力、层间柱最大弯矩和耗能隔撑构件最大轴力，可以得出前两种结构内力在大多数情况下由大到小的排序是：CKJ＞YCKJ-1＞YCKJ-2＞YCKJ-3＞YCKJ-4，而各耗能隔撑结构中耗能隔撑构件最大轴力的排序则与之相反。

（4）4 个模型在 El-Centro 地震波作用下的基底剪力值最大，Taft 地震波次之，人工合成波地震最小。用底部剪力法计算出各模型的底部剪力标准值与时程分析法所得的基底剪力值较为接近，验证了本节弹塑性时程分析结果的可靠性。

4.4　结论

本章通过运用有限元软件 ABAQUS 对 4 种不同耗能隔撑布设方式的钢框架结构和纯钢框架结构数值模型在单向静力加载和低周往复加载工况下进行分析研究，同时采用 El-Centro 地震波、Taft 地震波和人工合成地震波，对其分别进行多遇、罕遇地震作用下的弹塑性动力时程分析。最后结合前几章的研究内容，对不同的参数数据进行对比分析，得到耗能隅撑在工程设计和实际应用中具有参考价值的结论和建议，并提出下一步研究工作需要解决的问题。

（1）通过对各结构的单调静力加载发现，耗能隅撑在钢框架结构中的不同布设位置对结构的屈服位移和屈服荷载有一定程度上的影响。随着耗能隅撑的布置位置由边跨转移到中间跨，结构的屈服位移和屈服荷载逐渐增大，且采用耗能隅撑交错布置的框架结构具有最大的屈服位移和屈服荷载。与纯钢框架结构相比，布设有耗能隅撑构件结构的屈服位移和屈服荷载明显增大。

（2）对比各模型在低周往复荷载作用下的分析结果，耗能隅撑在结构中不同位置的布置对结构破坏形式的影响不大，而对其各自的耗能能力有一定的影响。采用耗能隅撑交错布置的钢框架结构在结构极限承载力、抗侧刚度、耗能能力和延性性能等方面均优于其余3种耗能隅撑框架结构。布置有耗能隅撑构件的框架结构的耗能性能明显优于原型结构。

（3）通过各模型的模态分析，耗能隅撑在结构中布置位置的改变对于结构的振型基本没有影响。但是，随着耗能隅撑的布置位置由边跨转移到中间跨，结构的自振频率逐渐增大，且相较于其他布置方案，采用耗能隅撑交错布置的框架结构具有最大的自振频率。

（4）同一参数在El-Centro地震波、Taft地震波和人工合成地震波3种不同地震波作用下对结构的影响规律有所不同。在一定数值范围内，随着结构中耗能隅撑采用边跨布置转变为中跨布置，模型框架的各层最大层位移、最大层间位移角和层间柱的内力逐渐减小，而框架结构的基底剪力、耗能隅撑的最大轴力则逐渐增大。采用耗能隅撑交错布置的框架结构通过以上参数体现出的抗震性能均优于其他3种耗能隅撑布置方式的结构。同时，在框架结构中布置耗能隅耗能撑构件可以有效地改善原有整体结构的抗震性能。

综合分析对比4种耗能隅撑布设方式的结构，采用耗能隅撑交错布置方案的钢框架结构具备更为优良的抗震性能。工程实践中在满足建筑的设计要求和经济因素等实际情况下，建议采用本章推荐的该种耗能隅撑布置方式，从而使建筑结构在具有相同耗能隅撑数量和用钢量的前提下，获得最佳的耗能减振效果，达到建筑结构抗震性能优化设计的目的。

第5章 耗能隅撑加固既有钢框架结构抗震性能分析

5.1 耗能隅撑加固既有结构设计方法

5.1.1 耗能隅撑原理及恢复力模型

5.1.1.1 耗能隅撑原理

耗能隅撑（Buckling-restrained Knee Brace，简称 BRKB）是由中间低屈服点核心钢板和外部约束套筒装置机构组成的支撑构件，约束套筒机构防止核心钢板受压屈曲，但不限制其轴向受力时的变形，使得屈曲约束支撑在受拉和受压时均能发生全截面屈服。

5.1.1.2 耗能隅撑恢复力模型

（1）理想弹塑性模型

理想弹塑性模型是全金属耗能隅撑恢复力模型中最基础的力学研究模型，初始弹性刚度由屈服荷载 P_y 和屈服位移 d_y 确定：

$$k_e = P_y/d_y \tag{5-1}$$

如图 5-1 所示，当全金属耗能隅撑的位移值超过 d_y 时，力的恒值等于 P_y。

每一循环周期所消耗的能量 W_d 等于点（P_y，d_u）和点（$-P_y$，$-d_u$）之间滞回曲线所包围的面积，即：

$$W_d = 4P_y(d_u - d_y)，其中 d_u \geqslant d_y \tag{5-2}$$

（2）双线性模型

双线性模型将动力往复荷载作用下耗能构件滞回曲线中的骨架曲线用两折线图形来代替，其特点是：卸载时耗能构件刚度不退化，往复加载时交线的拐点（即图 5-2 中的 C 点、E 点）按照使结构或构件耗能量相等的条件来确定。

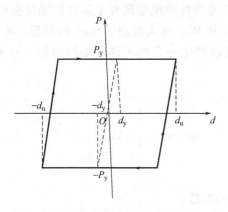

图 5-1 理想弹塑性模型

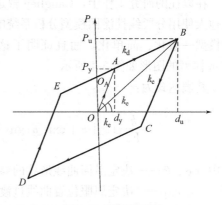

图 5-2 双线性模型

（3）多曲线（Ramberg-Osgood）模型

在双线性模型之后，Ramberg 和 Osgood 在 1943 年时提出了一个更新的模型曲线，即钢材的三参数应力-应变关系曲线，也是非常著名的 Ramberg-Osgood 曲线（图 5-3）。在 1996 年，Akazawa 等人提出了其骨架曲线的表达式。

滞回曲线的表达式为：

$$\frac{\varepsilon - \varepsilon_0}{2\varepsilon_0} = \frac{\sigma - \sigma_0}{2\sigma_0}\left(1 + \alpha\left|\frac{\sigma - \sigma_0}{2\sigma_0}\right|^{\eta-1}\right) \tag{5-3}$$

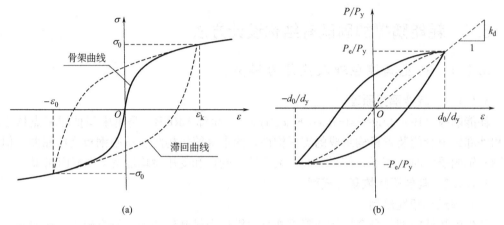

图 5-3　多曲线模型

多曲线模型中力与位移的关系式为：

$$\frac{d}{d_y} = \frac{p}{P_y} + \left(\frac{p}{P_y}\right)^{\gamma} \tag{5-4}$$

式中　d——金属耗能器的位移；

　　　d_y——特征点的位移；

　　　p——作用于金属耗能器的荷载；

　　　P_y——特征点的荷载；

　　　α——正值常系数。

（4）Bouc-Wen 模型

在以往的研究工作中，Caughey 曾运用双线性滞回曲线模型研究了系统的随机振动，其他人使用分段线性滞回模型分析系统响应。1976 年 Wen 等人改进了 Bouc 的模型，将这种模型一般化、简单化，而且证明了这个模型可以产生一系列不同的滞回曲线。Bouc-Wen 模型的图形如图 5-4 所示。

其表达式为：

$$\dot{z} = \frac{k}{F_y}\{1 - |z|\exp[\alpha\,\mathrm{sgn}(\dot{x}z) + \beta]\}\dot{x} \quad \mathrm{sgn}(x) = \begin{cases} 0\,(x=0) \\ -1\,(x<0) \\ 1\,(x>0) \end{cases} \tag{5-5}$$

式中　α、β——决定滞回曲线形状的参数；

　　　exp——决定屈服位置曲线过渡区间大小的参数；

　　　x——消能减振装置的位移速度。

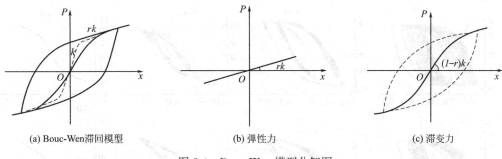

| (a) Bouc-Wen滞回模型 | (b) 弹性力 | (c) 滞变力 |

图 5-4　Bouc-Wen 模型分解图

Bouc-Wen 模型可以通过各种参数的不同，模拟任何形状的滞回曲线。

在上述屈曲约束支撑的力学模型中，本章将重点研究 Bouc-Wen 模型，在 MIDAS GEN 中的"滞后系统"所模拟的屈曲约束支撑的力学模型就是 Bouc-Wen 模型。其中主要由 A、α、β 参数决定 Bouc-Wen 模型中的滞回曲线的形状及其耗能大小，曲线中的光滑程度由常数 n 所决定。通过调整这些系数，就可以得到不同的滞回环，由图 5-5 可以看出 Bouc-Wen 模型的光滑滞回曲线的特点：

由于随着 α、β 的数值不同，滞回曲线的恢复力便有硬和软的特点，恢复力滞回曲线的软特性就是系统的恢复力会随着位移绝对值的增加而减小；恢复力的硬特性就是系统的恢复力会随着位移绝对值的增大而增加，在 MIDAS 中取值为 $A=1$、$\alpha=0.5$、$\beta=0.5$。

5.1.2　耗能隔撑概念设计

5.1.2.1　概念设计综述

根据以往结构设计经验，一般的结构设计进行的主要是"计算设计"，而总结大震灾害之后发现对结构进行概念设计更为重要，因为结构在受到地震破坏时，其灾害本身是一种随机振动波，具有很难控制的不确定性和复杂性。因此，BRKB 加固既有钢框架结构作为被动控制设计的方式，其加固设计方法与一般常规的加固结构相似，主要有 3 个部分：第一是概念设计，总的来说概念设计是工程师依据多年在世界各地发生的地震灾害和多年结构设计经验总结归纳的设计原则和结构抗震思想，对结构进行全局性地把握设计，进而确定结构各构件的总体布置和一些具体细部构造设计的过程。第二和第三分别是抗震计算和构造措施。概念设计的设计基本准则是：抗震计算为结构抗震设计提供定量手段；构造措施则可以在保证整体性、加强局部薄弱环节等方面保证抗震计算结构的有效性。

5.1.2.2　耗能隔撑加固节点设计

BRKB 加固结构体系与一般的普通钢支撑加固结构的设计方法相似，因此采用 BRKB 构件给结构进行加固改造时可参考普通钢支撑加固方法。但在一般小震弹性、线性阶段的设计方法中，支撑布设、耗能构件的验算、梁柱节点设计等方面还是有很大不同的。在弹塑性设计阶段，普通钢支撑加固的设计，可布设成交叉型，但由于 BRKB 构件的独特加固方式，其不能设计成交叉型布设，同时由于 BRKB 构件本身作为防屈曲约束支撑构件，在进行耗能隔撑构件校核验算时，不需要进行稳定性校核验算，只需进行耗能隔撑强度验算即可，而普通钢支撑的稳定性是其最重要的抗震验算指标。现行《高层民用建筑钢结构技术规程》JGJ 99—2015 中规定普通钢支撑的节点连接承载力应不小于 1.2 倍支撑净截面抗

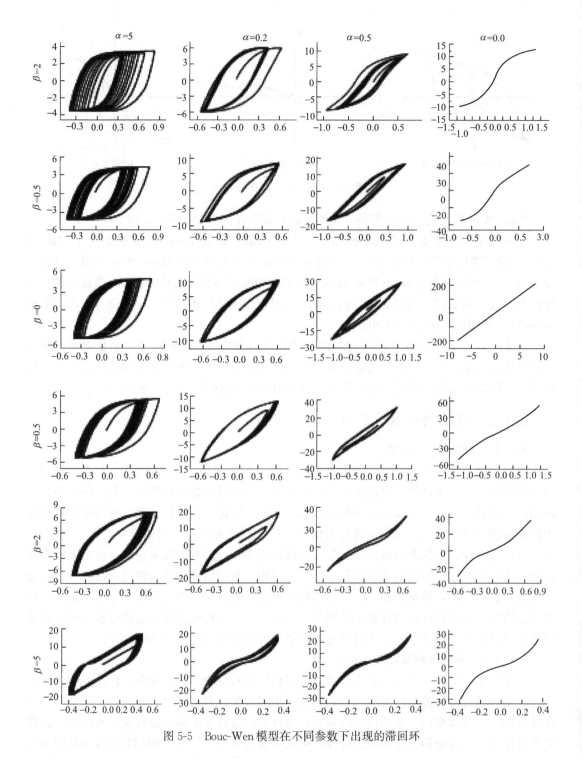

图 5-5　Bouc-Wen 模型在不同参数下出现的滞回环

拉强度。为保证耗能型屈曲约束支撑的耗能能力，其节点连接承载力应不小于 1.2 倍支撑的极限承载力。

本书中的 BRKB 构件其实质为屈曲约束支撑构件，只是在既有建筑结构加固时，BRKB 构件布设方式为在结构梁柱节点域附近布设，其支撑本身长度也相较于 BRB 构件更小巧，布设也更灵活，因此 BRKB 构件加固在既有建筑中后，形成的 BRKB 加固结构体系与 BRB 加固结构体系从外表上看有着很大不同，但其耗能构件耗能机制与加固后结构整体受力状态相似，故 BRKB 构件加固节点设计方法可以参考屈曲约束支撑加固结构设计方法。

5.1.2.3　耗能隔撑对结构的影响

不难看出，BRKB 作为全金属屈曲约束支撑的一种金属耗能器可以在不同阶段提供刚度或阻尼耗能作用，因此工程中主要用于解决如下难题：

（1）提高框架结构抗侧刚度，减小结构层位移角。

8 度及以上高烈度地区的框架结构，为了满足规范对结构层间位移角的要求，传统设计方法往往造成梁、柱构件的截面较大而不能满足使用功能要求，即使采用增加剪力墙或设置普通支撑的方法增大结构刚度，但其数量又经常会因建筑功能的限制而造成构件设计非常困难。相较于普通支撑，BRKB 由于不存在稳定问题，可以在满足结构刚度需求的前提下实现更小的构件截面。

（2）结构有限刚度加强层，在超高层建筑中实现、提高结构抗震性能。

为了使得整体结构的侧向刚度得到有效提高，所以超高层建筑中经常需要在某些楼层的外围框架和核心筒之间增设刚度较大的伸臂桁架，因此形成了一定的刚度加强层。但是在有效控制结构侧移之时，伸臂桁架加强层也破坏了结构侧向刚度的均匀性，由此引发附近楼层内力突变和刚度突变，并且形成了对抗震不利的薄弱层。

（3）框架加固工程。

在框架结构加固中采用 BRKB，可以利用耗能隔撑来承担大部分地震荷载，从而减小其他框架构件的受力需求，并将加固范围限定在与 BRKB 相连接的框架梁、柱上，在保证结构抗震性能的前提下大幅降低加固施工的工作量与周期需要。

5.1.2.4　其他特点因素

为了保证 BRKB 正常屈服耗能工作，间隙的存在是必要的条件。耗能隔撑芯材在荷载下受压时，由于泊松比效应使得芯材的截面膨胀变形，设置间隙可以有效避免芯材在荷载作用下发生轴向变形，与外围屈曲约束机构产生摩擦力（该摩擦力将会影响耗能隔撑的轴向受力性能）。

但当间隙设置过小时，会对内部芯材产生环箍效应，进而形成耗能隔撑拉压力不对称，由此，当外部约束不够，也可能出现由于内部芯材与约束构件过度挤压形成的破坏；但是间隙太大，内部芯材的弯曲变形就需要达到一定变形后，外部约束才能起到作用，内部芯材可能只发生高阶屈曲，而不能先达到屈服耗能，还可能发生构件整体失稳和局部失稳，从而降低 BRKB 的承载能力。

一般条件下，确定间隙的大小是根据结构产生最大层间弹塑性位移时，满足结构对应于 1.5 倍的弹塑性位移设计值，内部芯材与外部防屈曲约束机构之间的间隙为零。而实际中为了避免构件加工时产生的误差，在内部芯材和加劲管壁间设置黏结材料来代替间隙。

5.1.2.5　耗能隔撑在既有建筑结构中的布置原则

BRKB 与普通 BRB 的布设原则类似，BRKB 应布设在能最大限度地发挥其耗能作用的部位，并尽可能不影响建筑的使用空间，同时要满足结构整体受力的需求。BRKB 可参照以下原则进行布设：

（1）地震作用下层间位移角较大的楼层；

（2）地震作用下最易产生内力突变的位置；

（3）可宜均匀、对称布设在各层框架内；

（4）宜采用框架对角线平行布设角度或当框架高跨比过大时采用 45°布设，耗能隔撑长度宜取一榀框架内一半柱距的 0.38 倍。

5.1.3 耗能隔撑布设方案

5.1.3.1 耗能隔撑等效截面面积

在 YJK 软件中进行 BRKB 构件的模拟，采用等效替代原理，首先计算耗能隔撑的等效替代截面积，耗能隔撑相关的面积参数，可分为 YJK 中的等效面积 A。耗能隔撑的等效面积 A_e 和耗能隔撑芯材面积。与普通钢支撑不同，BRKB 的节点设计对 BRKB 的耗能性能的发挥有很大的影响，要使能够达到设计要求的 BRKB 构件整体轴线刚度与 YJK 模型中的轴线刚度统一，需要进行三部分的 BRKB 构件刚度计算。

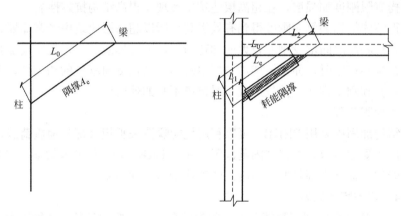

图 5-6　BRKB 的刚度串联示意图

由图 5-6 可知：

$$L_0 = L_1 + L_2 + L_e \tag{5-6}$$

设 L_1 段构件的轴向线刚度为 k_1、L_2 段的轴向线刚度为 k_2，BRKB 段的轴向线刚度为 k_e，在 YJK 模型中耗能隔撑轴向线刚度为 k_0，则根据刚度的串联准则，有：

$$\frac{1}{k_0} = \frac{1}{k_1} + \frac{1}{k_2} + \frac{1}{k_e} \tag{5-7}$$

设节点总串联刚度为 k_j，有：

$$\frac{1}{k_j} = \frac{1}{k_1} + \frac{1}{k_2} \tag{5-8}$$

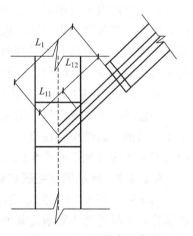

L_1 段的刚度同样可分为两部分，即 L_{11} 段的刚度 k_{11} 和 L_{12} 段的刚度 k_{12}，如图 5-7 所示。

同理 L_2 段的刚度划分为 k_{21} 和 k_{22}。总的来说，一般理解为耗能隔撑与梁柱连接处位置即 L_{11}、L_{21} 位置区域

图 5-7　L_1 段放大示意图

处有非常大的刚度，可以直接认为此处刚度无限大，即：

$$k_{11} = \infty, \ k_{21} = \infty, \tag{5-9}$$

因此，

$$k_1 = k_{12} \tag{5-10}$$

$$k_2 = k_{22} \tag{5-11}$$

于是，式（5-7）变为：

$$\frac{1}{k_0} = \frac{1}{k_{12}} + \frac{1}{k_{22}} + \frac{1}{k_e} = \frac{1}{k_j} + \frac{1}{k_e} \tag{5-12}$$

因此，耗能隔撑的线刚度 k_e 可由下式计算得到：

$$k_e = \frac{1}{\dfrac{1}{k_0} - \dfrac{1}{k_{12}} - \dfrac{1}{k_{22}}} = \frac{1}{\dfrac{1}{k_0} - \dfrac{1}{k_j}} \tag{5-13}$$

假设钢材的弹性模量为 E，模型的耗能隔撑截面面积为 A_0，BRKB 实际等效截面面积为 A_e，L_{12} 段计算得到的有效截面面积为 A_{12}，L_{22} 段计算得到的有效截面面积为 A_{22}，一般来说计算得到的 A_{12} 及 A_{22} 要比 BRKB 等效面积 A_e 更大一些，其详细的参数数值可根据相应的 YJK 有限元软件分析计算确定，代入式（5-13），则可得：

$$\frac{EA_e}{L_e} = \frac{1}{\dfrac{L_0}{EA_0} - \dfrac{L_{12}}{EA_{12}} - \dfrac{L_{22}}{EA_{22}}} = \frac{1}{\dfrac{L_0}{EA_0} - \dfrac{L_j}{EA_j}} \tag{5-14}$$

从而：

$$A_e = \frac{L_e}{L_0 - L_{12}\dfrac{A_0}{A_{12}} - L_{22}\dfrac{A_0}{A_{22}}} \times A_0 = \lambda A_0 \tag{5-15}$$

式中：

$$\lambda = \frac{L_e}{L_0 - L_{12}\dfrac{A_0}{A_{12}} - L_{22}\dfrac{A_0}{A_{22}}} = \frac{L_e}{L_0 - L_j\dfrac{A_0}{A_j}} \tag{5-16}$$

因此，YJK 模型为刚度起主控作用时，BRKB 设计等效截面面积 A_e 需要进行节点域刚度的折减计算，取折减率系数为 λ，此时：

$$A_e = \lambda A_0 \tag{5-17}$$

式中的 A_0 即为 YJK 模型中的耗能隔撑截面面积，也就是说，可以简单地通过折减系数 λ 来考虑耗能隔撑在模型中的刚度匹配问题。

5.1.3.2　耗能隔撑等效面积隔撑芯板面积的关系

图 5-6 中 BRKB 作为耗能构件，其构造主要分为外部约束结构和内部核心芯材部分，内部核心芯材选用低屈服点材料，其芯材截面沿长度方向变化，我们可以将内部芯材等效为一根等截面构件，其刚度与内部芯材刚度相同，使等效芯材轴向刚度与 BRKB 的轴向刚度相等。根据以往资料，总结出了不同长度的 BRKB 等效面积 A_e 与芯材屈服段截面面积 A_1 关系，如表 5-1 所示。BRKB 轴向长度越长，等效构件的截面面积值与 BRKB 构件芯材面积越相近。

段 段截面面积 A_1 的关系

BRKB 等效面积 A_e 与芯材屈服段截面面积 A_1 的关系 表5-1

耗能隔撑长度	$L \leqslant 3m$	$L = 6m$	$L = 9m$	$L \geqslant 12m$
$\dfrac{A_1}{A_e}$	0.85	0.90	0.95	0.99

5.1.3.3 耗能隔撑设计承载力

BRKB 构件的设计承载力是指其弹性工作阶段的承载力，用于加固结构在风力水平荷载或小震分析设计验算时采用。一般条件下，首先确定 BRKB 芯材材料，其次估算 BRKB 的等效截面面积。在整体弹性分析下，需要计算得到一个等效截面为 A_τ 的二力杆件，对于 BRKB 构件本身的校核验算，BRKB 的设计承载力是按下式计算得到的：

$$N_b = 0.9 f_y A_1 \tag{5-18}$$

式中 A_1——约束屈服段的钢材截面面积；

f_y——芯板钢材的屈服强度，按照表5-2确定。

芯板钢材的屈服强度 表5-2

材料牌号	LY100	LY160	LY225	Q235B	Q345B	Q390	Q420
f_y(MPa)	80	140	205	235	345	390	420

5.1.3.4 耗能隔撑屈服承载力

BRKB 在荷载作用下第一次达到屈服时的耗能隔撑轴力，可按下式计算：

$$N_{by} = \eta_y f_y A_1 \tag{5-19}$$

式中 N_{by}——BRKB 的屈服承载力；

η_y——芯板钢材的超强系数，按照表5-3确定。

芯板钢材的超强系数 表5-3

材料牌号	LY100	LY160	LY225	Q235B	Q345B	Q390	Q420
f_y(MPa)	1.25	1.15	1.10	1.15	345	1.05	1.05

5.1.3.5 耗能隔撑极限承载力

在极罕遇地震作用下，BRKB 的芯材拉压屈服作用明显，可能会产生应变强化效应。考虑应变强化后，BRKB 的最大承载力为极限承载力，可按下式计算：

$$N_{bu} = \omega N_{by} \tag{5-20}$$

式中 ω——应变强化调整系数，按照表5-4确定；

N_{by}——BRKB 屈服承载力。

芯板钢材的应变强化调整系数 表5-4

材料牌号	LY100、LY160	LY225	Q235B、Q345B、Q390、Q420
ω	2.4	1.5	1.15

5.1.4 耗能隔撑布设方式及模拟结果

5.1.4.1 耗能隔撑布设方式选择

本书研究的主要内容是利用小型耗能隔撑构件布设在既有建筑的梁柱节点处进行加固

改造处理。原结构和改造之后结构的基本参数如表 5-5 所示，既有建筑的结构标准平面图如图 5-8 所示，构件截面尺寸如表 5-6 所示。

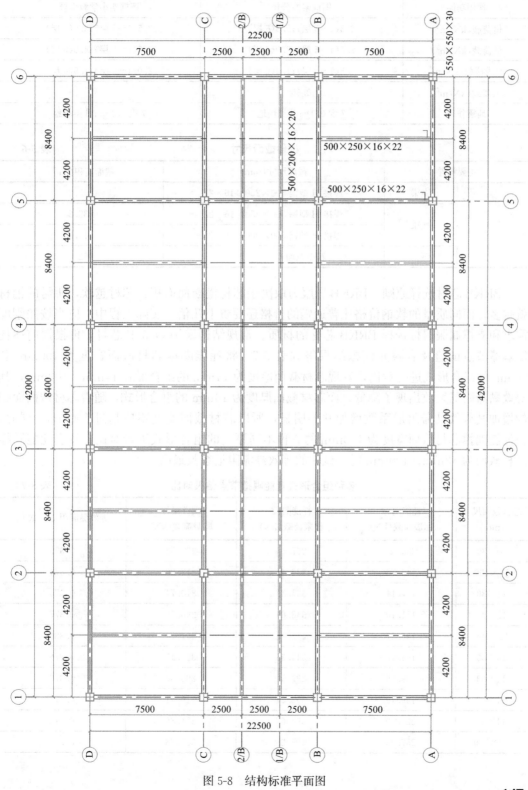

图 5-8 结构标准平面图

建筑结构基本参数 表 5-5

荷载	原结构	现结构
使用功能	钢框架办公楼	钢框架小学教学楼
恒荷载(kN/m²)	2.8(1~5 层);2.5(6 层)	3.5(1~5 层);3.0(6 层)
活荷载(kN/m²)	2.5(1~5 层);2.0(6 层)	4.5(1~5 层);4.0(6 层)
墙线荷载(kN/m)	1.5(1~5 层);1.0(6 层)	2.0(1~5 层);1.5(6 层)
风荷载(kN/m²)	0.55	0.55
地震作用	7 度 0.1g;Ⅱ类场地	7 度 0.15g;Ⅱ类场地

构件截面尺寸 表 5-6

主要构件		截面尺寸(mm)	截面面积(cm²)
钢梁	主梁	焊接 H 型钢 500×250×16×22	135.2
	次梁	焊接 H 型钢 500×250×16×22	135.2
		焊接 H 型钢 500×200×16×22	114.2
	钢柱	箱型截面 550×550×30	624

BRKB 芯材选择原则:BRKB 屈服力取决于芯材横断面面积,芯材越软,所需的钢材就越多,而同质量的软钢价格比普通钢的价格还要贵上几倍。实际工程中,应当按照刚度需求和支撑屈服目标选择 BRKB 芯材的材质。常规结构采用 Q235B 芯材,再根据前述耗能隅撑节点试验及有限元模拟结果得到表 5-7。将耗能隅撑芯材截面宽度为 100mm 和 80mm 的组合形式进行对比,发现芯材截面厚度为 14mm 的组合形式 14mm×100mm,其等效黏滞阻尼系数出现了降低;而芯材截面厚度为 10mm 的组合形式,随着芯材截面面积的增加其等效黏滞阻尼系数增加并不明显,所以芯材截面宽度不应超过 100mm。同时,将耗能隅撑芯材截面宽度为 100mm 的 3 种不同厚度的组合形式进行对比,发现耗能隅撑芯材截面为 12mm×100mm 时,试件的等效黏滞阻尼系数最高。

多种组合形式耗能隅撑节点结果对比 表 5-7

芯材截面尺寸 (mm)	耗能隅撑 屈服荷载(kN)	耗能隅撑 极限荷载(kN)	试件梁柱 屈服荷载(kN)	等效黏滞阻尼系数 h_e
10×80	96.62	267.56	294.52	0.373
10×100	140.76	326.47	317.36	0.374
12×80	157.14	337.32	310.74	0.375
12×90	171.10	348.64	290.79	0.377
12×100	185.27	416.01	291.74	0.380
13×80	164.48	344.35	311.17	0.376
14×63	139.89	297.51	295.30	0.372
14×80	169.79	352.21	319.41	0.377
14×90	221.40	392.68	311.89	0.378
14×100	257.09	404.28	305.33	0.376

本章中 BRKB 芯材尺寸拟采用 12mm×100mm，耗能构件参数如表 5-8 所示。根据以往文献资料及试验所得结果，耗能隅撑布设角度一般取 30°～60°或尽量与耗能隅撑框架对角线平行布置。由于试验中仅制作了梁柱节点，未考虑梁柱实际尺寸，因此 BRKB 布设角度取中间值 45°；又因为在既有建筑结构框架中，根据框架梁柱实际尺寸，按耗能隅撑布设角度与钢梁跨中对角线平行，同时耗能隅撑在梁上布点按一半柱距的 0.38 倍布设，实际布设位置如图 5-9 所示。

耗能构件参数　　　　　　　　　　　　　　　　表 5-8

支撑承载力	BRKB	BRB
芯材材料	Q235B	Q235B
设计承载力	260kN	275kN
屈服承载力	320kN	330kN
极限承载力	400kN	420kN
耗能构件数量	188 根	72 根
用钢量	3.8t	4.0t

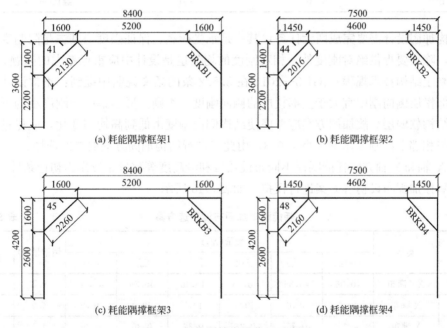

图 5-9　耗能隅撑布设位置示意图

对比屈曲约束支撑的耗能隅撑选择方法，一般采用能量法或期望阻尼比法估计屈曲约束支撑数量。本章中 BRKB 构件是对既有多层钢框架结构进行加固改造研究，根据《建筑抗震设计规范》（2016 年版）GB 50011—2010 中表 5.5.1 的规定，多高层钢框架弹性层间位移角限值为 1/250。故此，本章将根据刚度需求原则，以弹性层间位移角作为加固指标，将人字形屈曲约束支撑加固方案的弹性层间位移角最大值和用钢量作为参考，结合前述耗能隅撑拟静力节点试验和有限元模拟结果所选的耗能隅撑芯材尺寸，在 YJK 中进行大量耗能隅撑布设方案模拟，筛选出耗能隅撑最佳加固布设方案。

根据上述理论公式计算方法和已选芯材尺寸，再结合实际该多层钢框架尺寸，可计算出 BRKB 在 YJK 中的等效截面面积，如表 5-9 所示。

5.1.4.2 YJK 中耗能隅撑布设模拟结果

拟采用 BRKB 的等效截面面积为实心方钢截面高度与宽度的乘积，一般情况下，建立的等效截面宽度和高度相近或相等，截面 4 个方向的厚度取比宽度和高度略小的数值，即实心方钢截面中心设置出一个小空心，该空心面积尽量足够小，对耗能隅撑刚度等方面的影响可以忽略不计。

根据等效截面原理计算，本章中的 BRKB 等效截面尺寸详见表 5-9。

耗能构件等效截面尺寸　　　　　　　　　　　　　　表 5-9

耗能隅撑型号	截面长度(mm)	截面面积(cm²)	YJK 中等效截面
BRKB1	2130	108	■10.5cm×10.5cm
BRKB2	2060	108	■10.5cm×10.5cm
BRKB3	2260	108	■10.5cm×10.5cm
BRKB4	2160	108	■10.5cm×10.5cm
BRB	5530	101	■10cm×10cm

结构加固设计需要完成两大任务：其一是承受荷载、保证强度，其二是限制变形、提供刚度，除了要提供绝对刚度外，相对刚度的均匀也是设计中应重点考虑的问题。《高层建筑混凝土结构技术规程》JGJ 3—2010 在 3.5.2 条的条文说明中提到：正常设计的高层建筑下部楼层侧向刚度宜大于上部楼层的侧向刚度，否则变形会集中于刚度小的下部楼层而形成结构软弱层。故加固方案应考虑使结构侧向刚度由低到高均匀变化，应尽量限制结构各层与相邻上部刚度比不宜小于 0.8，由此来进行结构加固方案的二次选择。

以 X 轴和 Y 轴方向耗能隅撑不同布设数量和沿高度等数量布设作为初选条件，建立 7 种耗能隅撑加固布设初选方案进行模拟，如表 5-10 所示。

耗能隅撑加固布设初选方案　　　　　　　　　　　　表 5-10

初选方案	类型	数量(X,Y)						用钢量(t)	最大层位移角
		一层	二层	三层	四层	五层	六层		
1	XY 满布	40,36	40,36	40,36	40,36	40,36	40,36	9.4	1/329
2	X 满布	40,0	40,0	40,0	40,0	40,0	40,0	4.9	1/271
3	Y 满布	0,36	0,36	0,36	0,36	0,36	0,36	4.5	1/210
4	XY 交叉 1	40,0	0,36	40,0	0,36	40,0	0,36	4.7	1/216
5	XY 交叉 2	0,36	40,0	0,36	40,0	0,36	40,0	4.7	1/201
6	X 大于 Y	34,8	34,8	34,8	34,8	34,8	34,8	5.2	1/301
7	Y 大于 X	10,32	10,32	10,32	10,32	10,32	10,32	5.2	1/233

综合比较耗能隅撑芯材用钢量与加固后最大层间位移角值，初步选择方案 6，耗能隅撑的布设位置应使结构在两个主轴方向的动力特性相近；立面布设上，为避免局部的刚度削弱或突变形成薄弱部位，应进行耗能隅撑的二次精细化布设方案模拟，在初选方案 6 基

础上建立 10 种耗能隅撑布设方案，具体如表 5-11 所示。

耗能隅撑加固布设二次方案　　　　　　　表 5-11

二次方案	类型	耗能构件数量总和						用钢量(t)	最大层位移角
		一层	二层	三层	四层	五层	六层		
BRB	人字型	12	12	12	12	12	12	4.0	1/308
BRKB-1	132 型	56	44	44	44	44	44	5.7	1/315
BRKB-2	123 型	56	40	40	40	40	40	5.3	1/293
BRKB-1-2	132 型	56	40	40	40	24	24	4.6	1/285
BRKB-2-1	123 型	56	44	44	24	24	24	4.5	1/299
BRKB-1-3	132 型	56	40	40	40	12	12	4.1	1/296
BRKB-2-3	123 型	56	44	44	20	20	20	4.2	1/287
BRKB-1-4	132 型	56	36	36	36	12	12	3.8	1/272
BRKB-2-4	123 型	56	40	40	12	12	12	3.6	1/257
BRKB-1-5	132 型	56	28	28	28	12	12	3.4	1/247
BRKB-2-5	123 型	56	32	32	12	12	12	3.2	1/221

　　根据二次布设方案的用钢量和最大层间位移角值，优先选择在满足弹性层间位移角限值的要求下用钢量最少的，其中方案 BRKB-1、BRKB-2、BRKB-1-4、BRKB-2-4 是相对值最优的四组。再从结构刚度比和 BRB 方案（图 5-11）对比，进一步选取加固后结构刚度变化更均匀同时用钢量更经济的方案，最终确定采用 BRKB-1-4 方案作为耗能隅撑布设加固最终方案（图 5-10）。

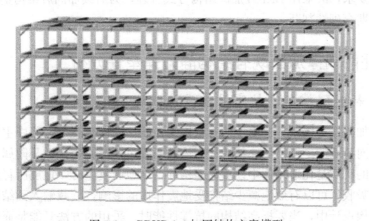

图 5-10　BRKB-1-4 加固结构方案模型

　　加固方案选择应主要考虑两点：一是要满足加固要求；二是要尽量经济。通过对 YJK 大量模拟对比后，BRKB-1-4 布设方案在满足层间位移角限制要求的前提下，结构刚度增加更均匀，用钢量相对更少。在对比原结构、BRKB 加固结构、BRB 加固结构弹性层间位移角最大值后，可以清晰地看出，在同等情况下，采用 BRB 加固的结构，其层间位移最大值最小。由此初步判断，可以说明采用传统人字型屈曲约束支撑的加固结构，加固后结构整体的受力性能有了很明显的改善。此种加固方式较为合理，有效减小了结构的层间位

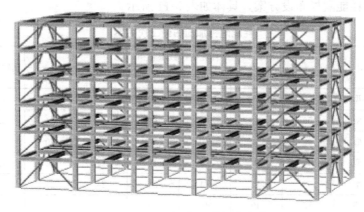

图 5-11　BRB 对比加固结构方案模型

移角限值，并且达到规范要求范围，同时相比于 BRKB 加固结构具有一定优势，体现出传统人字型 BRB 支撑加固结构体系能为结构提供良好的抗震性能。

5.1.5　本节小结

采用 BRKB 加固的结构其层间位移角值相比于原结构有明显改善，但与 BRB 加固结构体系相比，对结构整体受力性能的改善要差一些。虽然 BRKB 加固结构体系在加固效果上相比于 BRB 加固结构没有优势，但由于 BRKB 构件体量小、布设灵活，其加固方案选择性相对更多，因此本节方案选择是在满足加固要求的前提下优先选用钢量相对更少的方案。由此选择出的 BRKB 加固结构体系具有更经济与合理的加固特点，且加固后结构指标能够达到规范要求，故采用 BRKB 加固结构方式合理，为后续加固后结构整体受力性能的分析做好了前期合理性判断。

5.2　耗能隅撑加固既有结构静力弹塑性分析

5.2.1　耗能隅撑加固抗震性能设计概述

耗能减震加固结构体系一般由主体原结构和耗能加固体系组成，其中主体原结构为建筑物中承受竖向荷载的主体结构；耗能加固体系一般包括耗能构件及其附属子结构。结构耗能减震加固的实质是在原结构中设置耗能构件，当地震发生时，地震所释放出的能量率先被耗能构件吸收，可以有效地减少结构受地震作用的影响，衰减输入到结构中的地震反应。在一般结构设计中，当要提高结构的抗震性能时，采用的方法只能是通过增大相应构件的截面尺寸，或者对于有些混凝土构件采用植筋法，这些方法比耗能减震设计方法效率低，同时耗能减震结构设计也更具经济性。目前工程中应用的耗能器主要包括：金属变形型耗能器、黏弹性阻尼器、黏滞阻尼器等。一般采用耗能构件的结构中，耗能构件对结构起到附加阻尼和附加刚度的作用。

耗能加固结构的工作原理可以从图 5-12 直观看出。

BRKB 加固结构体系，主要由主体结构与耗能构件 BRKB 组成，其加固后结构体系能实现对其加固改造、提高抗震耗能的目标，主要是通过增减 BRKB 构件的数量，来附加结

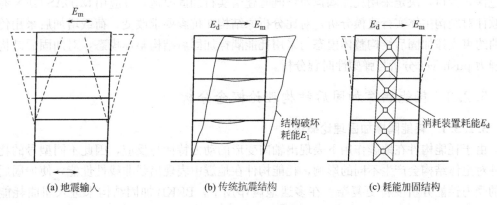

图 5-12　耗能加固结构地震作用下示意图

构的阻尼。最终可以获得加固后结构在不同大小的地震作用下的结构反应。例如，加固后体系应该满足在小震下结构整体保持弹性，中震下部分结构构件进入弹塑性。一般传统 BRB 加固有可能会改变结构形式进而影响结构的受力状态。而 BRKB 构件由于其自身形态与构造特点，加固后基本不会影响结构的基本形式，原主体结构的设计方法也不会发生改变，其结构设计依然满足规范与标准的要求。值得说明的是，当结构采用 BRKB 加固后，其结构抗震性能显著提高，可以将结构的抗震设防等级提升到更高的目标，进而使结构抗震设计从计算设计提高到性能设计。

结构加固性能设计是本节研究的重点，其设计前提是要充分考虑结构加固前后的承载能力，以及地震下的变形能力。应依据工程实际的使用要求，针对原结构整体及局部关键部位可能会出现的薄弱环节，采取有效的加固改造措施，从而达到事先确定好的性能目标要求，最终达到提升结构的抗震性能的目的。

5.2.2　既有建筑结构加固设计条件

根据《建筑抗震设计规范》（2016 年版）GB 50011—2010 中的"三水准，两阶段"的抗震设防目标，进行耗能加固结构性能设计后，在不改变原有结构的结构形式和使用功能的前提下，可有效实现更高水准的设防性能目标要求。

本节以沈阳地区的某一钢框架结构的加固设计为例，说明该建筑物应满足设防性能目标为 2 类设计的耗能结构加固改造要求：

（1）当结构遭遇设防地震时，耗能构件应开始处于屈服耗能阶段，结构整体应保持弹性，满足可居住条件。

（2）当结构遭遇罕遇地震时，耗能构件应保持屈服耗能状态，局部可出现一定程度的构件塑性变形情况，但应在震后可修复。

沈阳地区某 2018 年建造的多层钢框架办公楼结构，由于其使用功能发生改变和现行标准的改变，对其进行加固改造。原结构为一座 6 层钢框架办公楼，现在改建成小学教学楼，使用功能的改变导致它的抗震等级从 7 度 $0.1g$ 增加到 7 度 $0.15g$，同时恒、活荷载也随之增加。根据现行《钢结构设计标准》GB 50017—2017 与《抗震规范》及荷载组合的改变，该结构已不能满足要求，需要进行加固改造，但由于教学楼对结构空间要求较大，经过深入探讨，决定采用耗能隔撑对该既有建筑实行加固改造，并应用 MIDAS GEN 有限元软件对结构主体实行建模分析，对比分析原结构在抗震要求改变、荷载增加后采用传统屈曲约束支撑加固后结构整体模态与采用耗能隔撑加固后结构整体模态，对加固后结构采用静力 pushover 分析与弹塑性时程分析。

5.2.3　耗能隔撑加固后结构理论概念分析

5.2.3.1　耗能隔撑加固理论概述

由于耗能构件在地震作用下表现出轴向变形的动力特性与反应，因此不同型号的耗能构件对主体结构会产生不同的影响，耗能构件在地震中表现出强非线性性能，使加固后结构的受力性能分析变得更复杂。在多遇地震作用下，BRKB 加固结构未进入屈曲耗能状态，BRKB 加固体系整体保持弹性，这一阶段的 BRKB 构件基本上只提供给结构一定的抗侧刚度；在设防地震作用下，BRKB 构件屈服耗能明显表现出较强的非线性特征，与此同时 BRKB 构件应该在主体结构进入弹塑性状态之前率先进入弹塑性变形状态；在罕遇地震下，BRKB 屈服耗能效果明显，表现出强烈的非线性状态，此时的加固结构进入明显的弹塑性阶段。由此可得到，在不同烈度的地震作用下，BRKB 构件与加固结构的每阶段特性不同，需要分别进行考虑。因此在对加固结构进行分析研究时，应用静力弹塑性分析法或弹塑性时程分析。

当采用 BRKB 耗能构件加固时，BRKB 构件使得结构的总阻尼比 ζ 增加了。所以计算出 BRKB 构件附加给加固结构有效阻尼比便成了 BRKB 加固结构设计的关键问题。当附加阻尼计算过小时，BRKB 构件不能充分发挥作用，由此会增加构件的布设，造成钢材的浪费，不能达到经济环保的目的；当附加阻尼计算过大时，BRKB 构件的耗能能力被过高估计，BRKB 构件的布设方案不够安全。所以准确地计算出 BRKB 构件提供给结构的附加阻尼比是使加固结构设计方案既高效又经济的重要保障。

加固后结构处于小震弹性阶段时，原钢框架结构的阻尼比为 0.04，加固后结构处于大震弹塑性阶段时，部分构件会进入弹塑性状态，结构主体对应的阻尼比会有所增加，在考虑结构弹塑性变形的前提下，要重新计算结构阻尼比。

BRKB 构件同样会为结构提供一定的附加刚度。BRKB 加固结构体系中的 BRKB 构件为结构提供的附加刚度大小主要取决于 BRKB 构件工作时的轴向拉伸刚度，因此计算加固结构地震反应和振动周期时应考虑附加刚度的影响。此附加刚度一般采用有效刚度计算方法。

5.2.3.2　耗能隔撑加固理论方法

当结构采用耗能减震加固设计时，由于加固结构增加了 BRKB 的布设，研究人员不能准确预估主体结构处于地震作用下的最终结构变形情况，因此一般要预先假设一个阻尼比。BRKB 布设在结构中后，对 BRKB 的数量和位置进行有效调整，再对耗能减震结构进行分析计算，反算出在增加 BRKB 之后，结构在相应的阻尼比情况下的位移。耗能减震结构的附加阻尼比可以由 BRKB 的恢复力模型和相对应的公式求出，然后进行反复迭代计算，当计算出的附加阻尼比和预先假定的阻尼比相接近时，计算结束。

采用附加阻尼比的迭代方法重新修正各个 BRKB 的设计参数，并利用下式计算耗能减震结构的总阻尼比 ζ：

$$\zeta = \zeta_1 + \zeta_d \tag{5-21}$$

式中　ζ_1——主体结构阻尼比；

　　　ζ_d——BRKB 附加给结构的有效阻尼比。

BRKB 加固结构体系之所以能够有效抵抗地震作用，一个很重要的因素是 BRKB 构件在地震作用下其自身的滞回耗能，只有当 BRKB 构件产生往复变形或速度突变时，其自身的耗能效果才能充分发挥作用。在对结构进行静力弹塑性分析时，加固结构中的 BRKB 作用不能直接计算，从而不能得到 BRKB 附加给结构的阻尼比，要想将加固结构中 BRKB 在静力弹塑性分析法的作用体现出来，需要对 BRKB 的刚度和阻尼进行等代计算，并布设在结构中进行分析。

BRKB 提供的附加有效阻尼比可按下式计算：

$$\zeta_d = \sum_{j=1}^{n} W_{cj} / 4\pi W_s \tag{5-22}$$

式中　ζ_d——耗能减震结构的附加有效阻尼比；

　　W_{cj}——第 j 个耗能部件在结构预期层间位移 Δu_j 下往复循环一周所消耗的能量（kN·m）；

　　W_s——耗能减震结构在水平地震作用下的总应变能（kN·m）。

在多遇地震、设防地震和罕遇地震作用下，耗能减震结构中由 BRKB 所提供给结构的总的阻尼比是不变的。一般情况下，在罕遇地震时由 BRKB 提供给结构的附加阻尼比会比在多遇地震或设防地震时要小，这是因为在罕遇地震作用下，结构主体会进入弹塑性阶段，此时结构中的总应变能等于结构弹性应变能和结构非弹性应变能的总和，这个量值要比结构在多遇或设防地震作用时大得多。为此在 BRKB 加固结构体系中，BRKB 附加给结构的阻尼比应由实际分析计算得到。

其主要步骤为：

（1）确定原结构主体中主要的梁、柱等构件的截面尺寸，以及采用的 BRKB 构件的非线性恢复模型和耗能构件的等代单元的塑性铰特性等；

（2）对 BRKB 加固结构体系进行静力弹塑性 pushover 全过程受力分析，得到结构在指定结构位移变形时施加在结构参考点位置处的水平推力及结构整体侧移变形状态；

（3）根据 BRKB 加固结构体系的位移，计算 BRKB 加固结构体系的有效阻尼比，包括加固后结构弹塑性变形耗能附加的有效阻尼比和 BRKB 给加固结构体系附加的阻尼比；

（4）把原有的多自由度加固结构体系看成一等价的单自由度体系；

（5）图解等价单自由度体系的目标位移；

（6）将此位移转化成多自由度加固结构体系各层的层间位移。

5.2.4　MIDAS GEN 简介及实现方式

5.2.4.1　MIDAS GEN 简介

MIDAS GEN 是通用有限元结构分析与设计验算为一体的新时代软件系统。支持常规民用结构与复杂结构的一般分析和高端分析；支持地下综合管廊、特种结构、体育场馆、工业厂房等结构的特殊分析；融入了中国、美国、欧洲、韩国、日本、印度、加拿大、新加坡等国家和地区的设计规范，可根据最新国内外规范进行钢筋混凝土构件、钢构件、铝合金构件、冷弯薄壁型钢构件、组合截面构件的设计与验算，搭载了管廊、水池、筒仓等板壳结构设计的 Gen Designer 设计平台。

本节重点考虑耗能隔撑在有限元软件中的实现方式及合理性，MIDAS GEN 软件提供了丰富的减震消能构件模拟模型，包括各种隔震支座和不同种类的阻尼器单元。MIDAS 通过定义一般连接单元模拟耗能器构件和隔震支座。一般连接可定义为内力型或者单元型，其中单元型包括弹簧和线性耗能器。例如可以模拟调谐质量阻尼器（TMD）、橡胶隔震支座；内力型包括黏滞耗能器、滞后系统等。为建立耗能器单元软件提供了多种选择，例如黏弹性耗能器的 Kelvin 模型可以模拟黏弹性耗能器和黏滞耗能器，滞后系统可以模拟 UBB 屈曲约束支撑和金属剪切耗能器（BRB，软钢剪切耗能器等）。在隔震结构中模拟铅芯橡胶支座、摩擦摆隔震支座，以及三重摩擦摆隔震支座。

此外，MIDAS GEN 还可以定义钩单元、间隙单元等特殊构件。

5.2.4.2　建模分析时 MIDAS GEN 中的主要技术实现方式

（1）负载下加固：运用 MIDAS GEN 中"施工阶段荷载"来模拟在负载下的结构加固形式，通过使结构组、荷载组、边界组激活和钝化，可以对施工过程进行较为真实的模拟。

（2）BRKB 的实现方法：利用 MIDAS GEN 中"滞后系统"来模拟 BRKB 加固既有建筑结构中的耗能减震构件。滞后系统由拥有单轴塑性（Uniaxial Plasticity）特性中的 6 个独立的弹簧构成。最具代表性的就是金属屈服型阻尼器。

（3）MIDAS GEN 对既有建筑加固的过程模拟及结果分析如下：

1）滞后系统参数

查看以往大量资料及实际结构设计后，本节中 BRB 及 BRKB 耗能减震构件，均运用 MIDAS GEN 中的滞后系统来模拟。BRB 和 BRKB 具体截面尺寸与使用长度不同（基本参数可参看 5.1 节），本节重点研究 BRB 及 BRKB 在滞后系统中的非线性参数，通过等效串联刚度原理计算得到各参数数值，如表 5-12 所示。

MIDAS GEN 滞后系统参数　　　　表 5-12

型号	屈服指数	滞后循环参数	弹性刚度(kN/mm)	屈服强度(kN)
BRKB1			240	320
BRKB2			240	320
BRKB3	2.0	$\alpha=0.5, \beta=0.5$	240	320
BRKB4			240	320
BRB			210	330

图 5-13 和图 5-14 为 BRKB 和 BRB 的 MIDAS GEN 模拟模型。

2）负载加固

负载下加固结构的最终阶段指标　　　　表 5-13

负载下结构 最大内力	负载下结构 最大变形	负载下结构最大应力	负载下柱最大 压缩量
258.5kN·m	8.26mm	128.3mm²	2.08mm

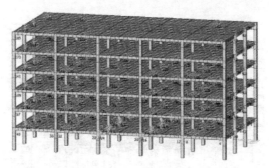

图 5-13　MIDAS GEN 中的 BRKB 加固结构模型

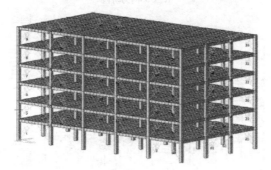

图 5-14　MIDAS GEN 中的 BRB 加固结构模型

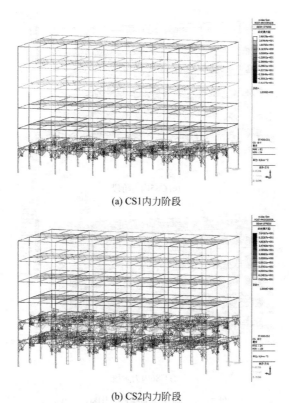

(a) CS1内力阶段

(b) CS2内力阶段

图 5-15　施工 6 阶段内力图（一）

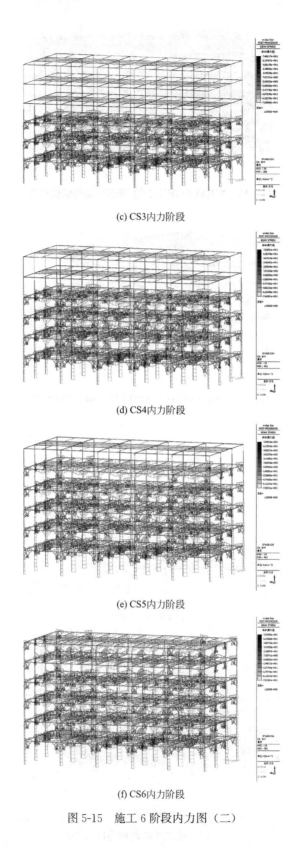

(c) CS3内力阶段

(d) CS4内力阶段

(e) CS5内力阶段

(f) CS6内力阶段

图 5-15　施工 6 阶段内力图（二）

由图 5-15～图 5-18 和表 5-13 可知，模拟施工阶段负载下加固耗能隅撑构件，施工阶段按层施工分为 6 个阶段，以原结构固有荷载加施工阶段的 BRKB 重量为施工阶段荷载。BRKB 重量根据每施工阶段累计增加，施工阶段最终的内力为 258.5kN・m。最大变形量发生在结构中间跨主梁位置上，且变形量仅为 8.26mm，此变形量对结构及施工阶段负载加固过程影响可忽略不计。钢柱最大变形量位于结构中间柱位置，最大压缩量为 2.08mm，因此在施工阶段中，原框架结构满足结构受力要求，各项指标均在可控范围内，即采用 BRKB 加固既有建筑结构的方案可行。

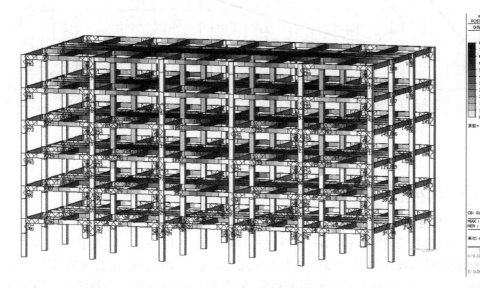

图 5-16　负载下加固结构最大位移图

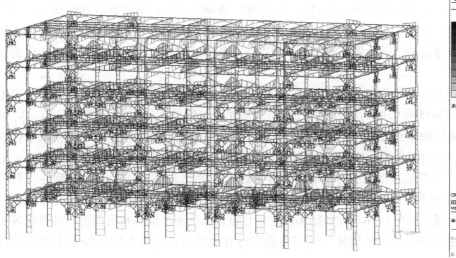

图 5-17　负载下加固结构最终应力图

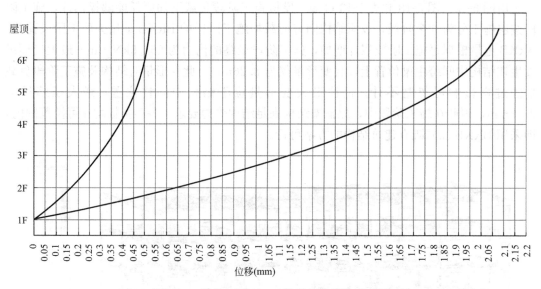

图 5-18 负载加固 BRKB 阶段钢柱压缩变形量

5.2.5 静力弹塑性（pushover）分析方法

5.2.5.1 概述

静力弹塑性分析方法（pushover 分析方法）最早是由 Freeman 等人于 1975 年提出的。美国和欧洲抗震设计规范中都已经引入了此种方法，如美国应用技术委员会（Applied Technique Committee）正式公布的报告 ATC-40，美国联邦紧急救援署（FEMA）1997 年发表的《建筑物抗震加固指导》及其说明手册（FEMA 273/274）。

静力弹塑性分析方法是一种静力分析方法。这种方法是结构在有限元分析软件中施加了一种按照特定规则分布的水平侧向力的作用，该侧向力单调加载并且逐级增大，当遇到构件屈服时，立刻使其退出工作状态，从而导致结构总的刚度矩阵改变；实行深度叠加循环计算，直至结构达到预先设定的位移状态，于是可以借此来分析其是否满足相应的抗震能力要求。

本节对 BRKB 加固结构体系采用的静力弹塑性分析法，是指在 BRKB 加固结构体系上施加原结构既有竖向荷载作用，即保证结构是在负载下进行加固受力分析，同时沿 BRKB 加固结构体系的侧向施加对应合理形式的水平荷载或位移。伴随水平荷载或位移的逐渐递增，通过软件按顺序计算加固结构由弹性状态到弹塑性状态的改变情况，并且记录在 BRKB 构件开始屈服耗能后，结构梁柱节点的位置或 BRKB 连接部位处塑性铰形成的情况，以及 BRKB 构件达到极限承载力后支撑能力的衰减和各种结构构件破坏行为的出现，以此来寻找采用 BRKB 加固结构的合理化设计方法和加固结构可能的破坏机制等。同时，可以对 BRKB 加固结构体系抗震性能实行有效评估，实现不同性能水平的抗震需求（如目标位移）。

5.2.5.2 静力弹塑性中的性能点曲线

通过 MIDAS GEN 中 pushover 分析得到 BRKB 加固结构整体的计算结果。例如，可得到结构的基底剪力和楼层顶部控制点处位移的关系曲线、层间剪力和楼层顶部控制点处位移的关系曲线，以此来体现 BRKB 加固结构的弹塑性性能。

（1）理性能力谱曲线：指的是 BRKB 加固结构的基底剪力-顶层位移关系曲线或层间剪力-层间位移关系曲线。图 5-19 展示了结构底部总剪力与顶点控制侧向位移之间的关系。由此可以判断，BRKB 加固结构在侧向总剪力作用下，结构会变形，而且变形从弹性变形 OA 阶段发展到弹塑性变形 ABC 阶段，最终整体结构发生失稳破坏，发展到可能倒塌的 CDE 阶段。BRKB 加固结构中的 BRKB 构件增强了结构整体受力性能，使加固结构具有较大的变形能力（延性）和较高的承载力，由此使曲线到达 B 点后仍能继续上升，即当弹塑性变形到达 C 点之前，仍能够获得一定的发展空间，有效增强结构的抗震能力。

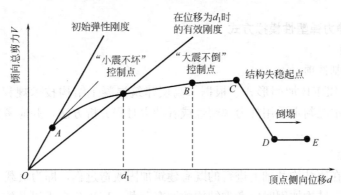

图 5-19　结构的理想能力谱曲线

（2）建立加固结构等效单自由度体系能力谱：通过静力弹塑性分析得到加固结构的能力曲线，不能立刻将图上确定的顶点某处位移作为结构抗震性能的"控制位移"代表值，也不能将此结果与规范规定的结构容许变形限值来对比，以此来作为确定加固结构抗震能力是否达到要求的依据。MIDAS GEN 中的静力 pushover 分析方法是把一个多自由度体系结构看作单自由度体系来进行计算。当软件内部进行计算的时候，结构中施加的外荷载和结构相对应的反应需要经过一系列转换处理，此方法也是目前比较主流的 pushover 计算方式，这种方式就是将多自由度体系看作单自由度体系，把非线性体系看作线性体系。

（3）结构地震需求谱：得到结构的等效单自由度体系能力谱曲线后，要建立结构的结构性能点和性能曲线，而且要把能力谱曲线与结构的地震需求谱曲线相结合，经比较分析，两者交点处就是 BRKB 加固结构的性能点，查看结构性能点处各参数来确定加固结构在不同水准地震作用下的性能状态，以及相应的控制位移。

结构的地震需求谱可以分为以下两种类型（图 5-20）：（1）与等效黏滞阻尼比有关的

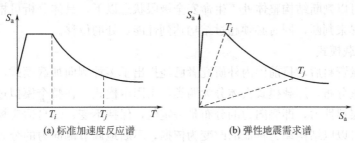

图 5-20　需求谱曲线图

弹性地震需求谱；（2）与结构位移延性系数有关的弹塑性地震需求谱。

5.2.5.3 静力弹塑性分析条件

（1）根据《高层建筑混凝土结构技术规程》JGJ 3—2013 第 3.11.4 条：建筑物高度小于等于 150m 时，可采用静力弹塑性分析方法；

（2）宜进行弹塑性分析的结构：7 度 Ⅲ、Ⅳ 类场地和 8 度乙类建筑中的钢筋混凝土结构和钢结构；高度不大于 150m 的其他高层钢结构；

（3）其他相关要求：对于复杂结构应当进行施工模拟分析，应以施工全过程完成后的内力作为初始状态；弹塑性时程分析应使用双向或三向地震输入；应考虑几何非线性影响。

5.2.5.4 静力弹塑性模拟方式

1. 分析步骤

（1）整体控制选项

原结构采用 BRKB 加固形式，根据《高层建筑混凝土结构技术规程》JGJ 3—2010，可以由实际工程情况判定采用静力弹塑性或者动力时程分析方法，并应考虑几何非线性的影响。

（2）初始荷载

加固结构是在原结构基础上进行的既有建筑加固改造过程，即为负载下采用 BRKB 加固既有建筑结构，结构加固时应考虑结构的原有荷载、BRKB 自重以及施工阶段荷载，因此结构的竖向荷载始终都存在，当与轴力和弯矩相关的柱构件在计算屈服面的时候，也需要考虑竖向荷载引起的轴力。

2. 静力弹塑性荷载工况

静力弹塑性分析采取 3 个工况：①结构的自重荷载；②以施工阶段的最终状态荷载作为结构初始状态荷载；③把 1.0DL＋0.5LL 作为静力弹塑性分析时侧向水平加载模式的初始荷载。

在 MIDAS GEN 中，终止条件分为整体控制和用户自定义节点控制两种，本节采用节点位移控制法，设定一个顶点处主控节点，当此节点位移达到目标控制位移，就认为结构达到了承载极限状态。横向位移的大小一般控制为建筑物高度的 1%、2%、4%，基本上对应不同水准的设计。在 ATC-40 或 FEMA 273 规范中将 1% 作为立即入住水准，将 2% 作为生命安全水准，将 4% 作为防止倒塌水准，同时《建筑抗震设计规范》（2016 年版）GB 50011—2010 中要求弹塑性层间位移角限值应为结构总高度的 1%，而耗能构件加固结构，应满足更高阶设防要求。故假设的目标位移为结构总高度的 2%，当结构最大位移达到该数值后，可以判断结构整体处于生命安全极限状态以下，具体分析可根据不同结构出现塑性铰的情况来判断，同时必须超过结构达到性能点处的位移。

3. 侧向加载模式

在查看大量资料后，目前国内外研究者已经提出了多种侧向加载模式，根据是否考虑楼层惯性力的重分布，加载模式大体分为两类：①固定模式，在整个模拟过程中，不考虑地震作用下楼层惯性力，即侧向力的分布是一定的，保持不变；②自适应模式，在整个模拟的过程中，可以以结构动力特征的改变为依据，不断地调节侧向力的分布情况。本节模型选择方向加速度常量侧向水平加载模式。

4. 定义 pushover 铰特征值

常用的骨架曲线如图 5-21 所示。

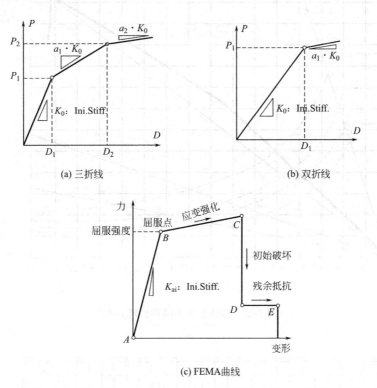

(a) 三折线　　　　　　　　　　　　　　　(b) 双折线

(c) FEMA曲线

图 5-21　骨架曲线

交互类型及成分表　　　　　　　　　　　　　　　　　　　表 5-14

构件	交互类型	成分
梁	无	M_y, M_z
连梁	无	剪切铰 F_z
柱	P-M-M	F_x 屈服表面特性值
支撑	无	F_x
墙	P-M	F_x 屈服表面特性值

本节塑性铰的定义与分配方法：柱铰选取 FEMA 铰，柱铰的交互类型为状态 P-M-M 相关，材料类型选择钢结构/SRC（填充），铰定义为弯矩-旋转角；铰成分特征为 F_x 屈服表面特性值，梁铰的交互类型为无相关，材料类型选择钢结构/SRC（填充），铰定义为弯矩-旋转角，铰成分特征为 M_y, M_z。

5.2.6　模拟结果

5.2.6.1　性能点曲线结果

通过图 5-22 和图 5-23 可以分析出，结构模型在 X 方向的能力谱/需求谱曲线，当选取加速度常量加载方式时，其性能点为 $S_a = 0.4346$，$S_d = 0.1229$，控制方向为结构顶点

耗能隅撑钢框架结构性能与设计

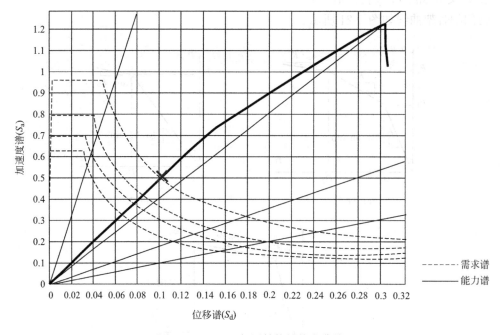

图 5-22　BRKB 加固结构性能点曲线

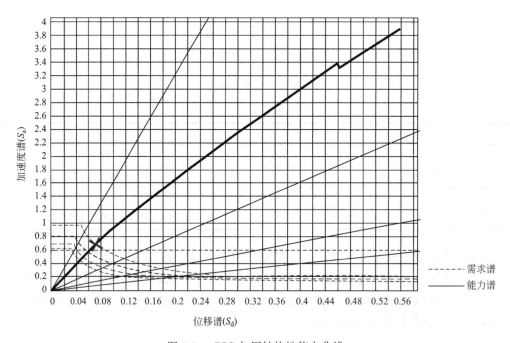

图 5-23　BRB 加固结构性能点曲线

X 方向位移，当位移达到 0.1639m 时，结构的能力谱曲线出现衰减失效，性能点出现在位移法增量的第 67 步中，此时结构基底剪力为 20120kN，等效周期为 1.207s，此时结构整体抗震性能良好，性能点的出现更加说明采用 BRKB 加固既有建筑结构具有良好的抵抗水平推力作用，能够满足规范中对于钢框架结构的抗震要求。

采用 BRKB 加固的结构与采用 BRB 加固的结构，从能力谱比需求谱曲线上可以看出，BRB 加固结构的性能点位置和等效周期都略高于 BRKB 加固结构，控制点位移也略大于 BRKB，体现出 BRB 加固结构抗震性能的良好特性与优势，但由于 BRKB 加固用钢量相对于 BRB 加固结构更少，由此得出，采用耗能隅撑加固既有建筑结构时，在满足现行规范抗震要求的情况下，BRKB 用钢量更少，体现出一定的经济性。

5.2.6.2　塑性出铰结果

位移法增量第 67 步（PO-67，图 5-24）中，结构性能状态全部在即刻使用极限状态（IO）以下，判断结构在达到性能点处时整体未达到屈服状态，结构受力性能良好，结构处于直接安全可居住状态。

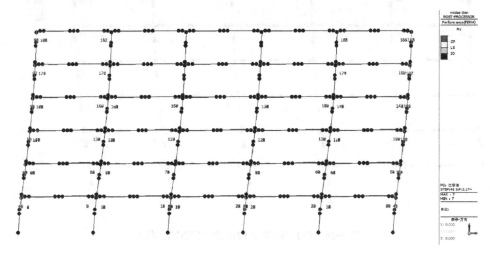

图 5-24　PO-67 处结构性能（FEMA）状态

当位移法增量到达第 80 步（PO-80，图 5-25）时，结构部分构件出现安全极限状态

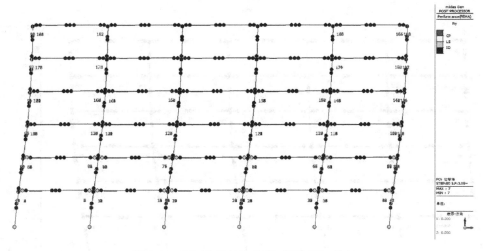

图 5-25　PO-80 处结构性能（FEMA）状态

（LS）状态，此时结构整体受力较良好，只有在结构一层、二层的梁端区域和底层柱底处出现 4.78% 的 LS 状态铰。该处各个构件进入弹塑性变形塑性铰，结构整体刚开始进入弹塑性变形阶段，但结构整体仍能保持在最低安全可居住状态。

当位移法增量到达第 130 步（PO-130，图 5-26）时，结构整体出现一定的防倒塌极限状态（CP）性能状态铰，占比 1%，并且 LS 铰达到最大值占比 6.48%，此时结构二层、三层、四层的梁端出现一定程度的塑性破坏，底层柱可能出现裂缝，此时结构整体完全进入塑性阶段，但由于采用 BRKB 加固，结构整体此时只是发生结构的局部破坏，结构整体不会出现倒塌危险。

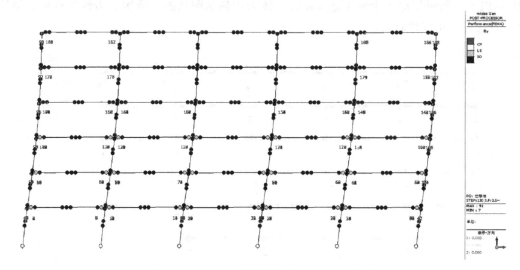

图 5-26　PO-130 处结构性能（FEMA）状态

当位移增量到达第 170 步（PO-170，图 5-27）时，此时结构到达倒塌临界状态，占比达到 2.50%，CP 性能状态铰发展到 6.48%，破坏位置主要集中于二层梁端和底层柱底，结构整体发生严重破坏，此时结构可能发生倒塌情况。

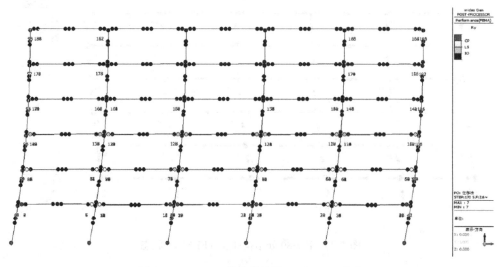

图 5-27　PO-170 处结构性能（FEMA）状态

在增量第 67 步（PO-67，图 5-28）时，结构中全部铰状态为蓝色，所有构件处于屈服状态，结构整体完好，未出现损伤，此时结构受力性能良好。在增量第 89 步（PO-89，图 5-29）时，结构在一层、二层、三层梁柱节点处出现非线性弹塑性铰，即 *B-C* 阶段，出铰占比 4.63%，此时结构构件出现轻微损坏或出现轻微裂缝，部分构件开始进入塑性工作阶段，结构在增量第 130 步（PO-130，图 5-30）时，结构的屈服 FEMA 铰继续增多，从开始出现时占比 4.63% 左右增加到 8.02%，部分构件将达到全截面塑性，所以这时结构整体上基本位于弹塑性状态，由于 BKKB 加固在梁柱区域附近，可以判断出此时在梁柱节点区域处形成一定数量的塑性铰，结构整体仍保持最低安全极限状态。

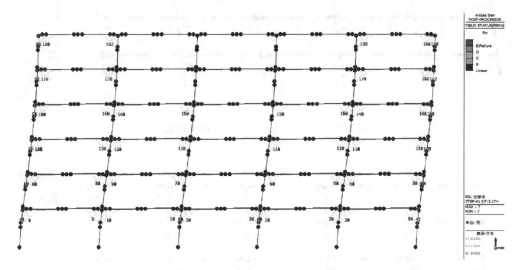

图 5-28　PO-67 处结构屈服性能出铰状态

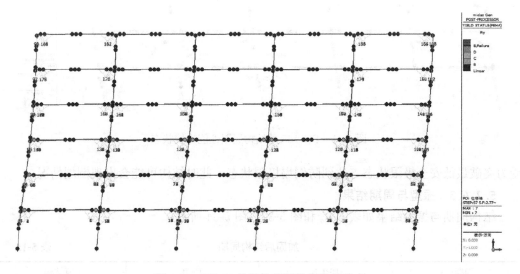

图 5-29　PO-89 处结构屈服性能出铰状态

在增量第 165 步时（PO-165，图 5-31），一层 BRKB 构件与柱连接点处出现 *D-E* 段屈服 FEMA 铰。*D-E* 段屈服 FEMA 铰占比达到 2.0%，此处构件出现严重破坏，结构整体

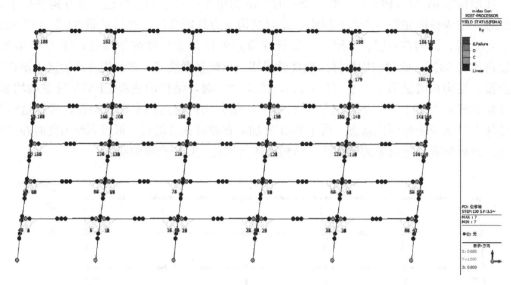

图 5-30　PO-130 处结构屈服性能出铰状态

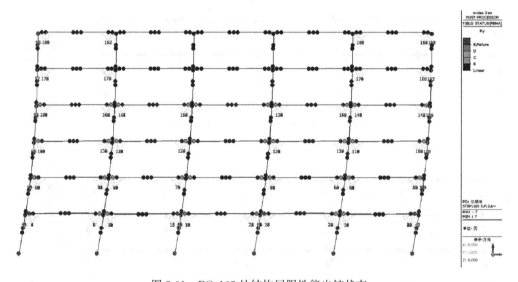

图 5-31　PO-165 处结构屈服性能出铰状态

受力突破最低安全极限状态，达到防倒塌极限状态，此时结构可能会出现倒塌情况。

5.2.6.3　振型与周期结果

结构周期与振型结果如表 5-15 和图 5-32～图 5-34 所示。

加固后结构周期　　　　　　　　　　　　　　　表 5-15

周期(s)	BRKB	BRB	原结构
T_1	1.1616	0.9316	1.2135
T_2	1.0338	0.7418	1.21
T_3	0.943	0.634	1.03

续表

周期(s)	BRKB	BRB	原结构
T_4	0.3509	0.2993	0.3645
T_5	0.3315	0.2448	0.3634
T_6	0.289	0.2105	0.3096

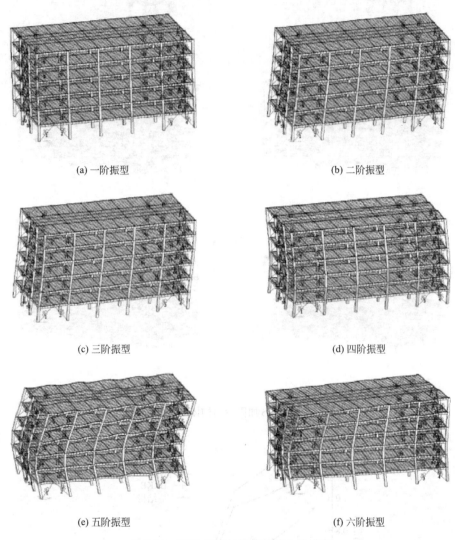

(a) 一阶振型　　　　　　　　　　(b) 二阶振型

(c) 三阶振型　　　　　　　　　　(d) 四阶振型

(e) 五阶振型　　　　　　　　　　(f) 六阶振型

图 5-32　BRB 加固结构体系前六阶模态

根据 MIDAS GEN 自振特性值得出的周期结果，两种方式加固既有建筑结构时周期相差不大。BRB 加固相较于 BRKB 加固其周期值略小，可见 BRB 加固结构整体刚度更大，但从结构抗震角度说明 BRKB 加固结构的刚度略小更有利于减小地震作用。虽然 BRKB 加固结构抗震性能略低于传统的 BRB 加固结构，但仍能满足规范规定的抗震要求，对结构抗震加固能起到有效作用，说明采用 BRKB 加固既有建筑的方法可行有效。

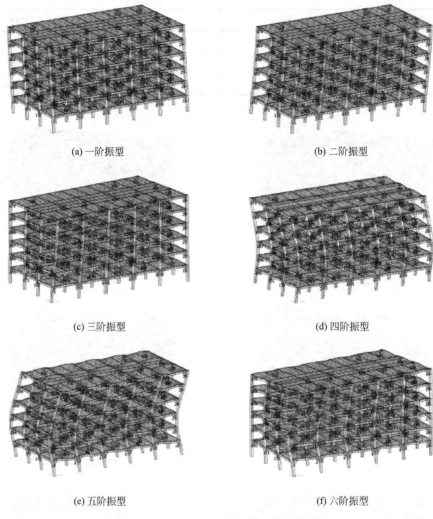

(a) 一阶振型   (b) 二阶振型

(c) 三阶振型   (d) 四阶振型

(e) 五阶振型   (f) 六阶振型

图 5-33   BRKB 加固后结构体系前六阶模态

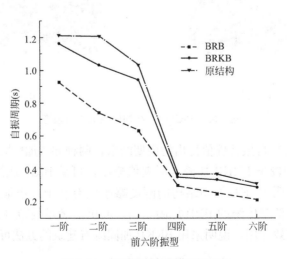

图 5-34   加固后结构周期对比图

5.2.6.4　整体结构层间参数结果

图 5-35～图 5-38 分别给出了 BRKB 加固后性能点处反力图、位移等值线图、内力图和应力图。

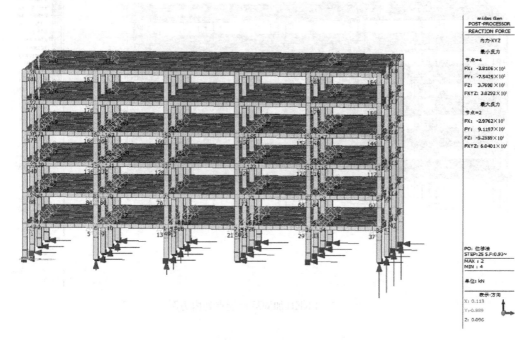

图 5-35　BRKB 加固后性能点处反力图

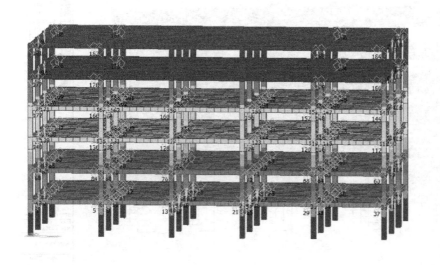

图 5-36　BRKB 加固后性能点处位移等值线图

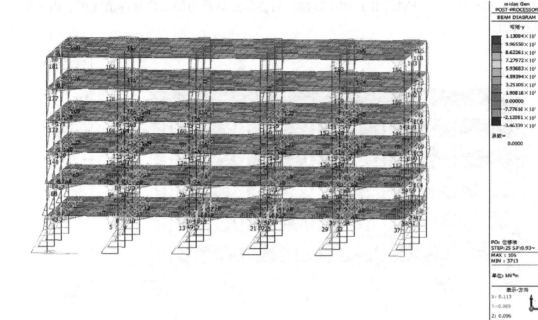

图 5-37　BRKB 加固后性能点处内力图

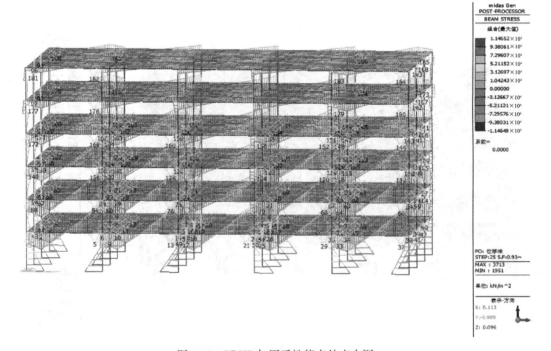

图 5-38　BRKB 加固后性能点处应力图

表 5-16～表 5-21 和图 5-39～图 5-41 为结构层间位移角、层间位移和层剪力值。

BRKB 加固后结构层间位移角值　　　　　　　　　　表 5-16

荷载工况	步骤	楼层	节点号	层高(m)	位移角限值	层间位移角	验算
位移法	PO-67	1F	6275	3.6	1/50	1/445	OK
位移法	PO-67	2F	4849	3.6	1/50	1/288	OK
位移法	PO-67	3F	3419	3.6	1/50	1/322	OK
位移法	PO-67	4F	1991	3.6	1/50	1/417	OK
位移法	PO-67	5F	80	3.6	1/50	1/573	OK
位移法	PO-67	6F	15	3.6	1/50	1/946	OK

BRB 加固后结构层间位移角值　　　　　　　　　　表 5-17

荷载工况	步骤	楼层	节点号	层高(m)	位移角限值	层间位移角	验算
位移法	PO-24	1F	6275	3.6	1/50	1/413	OK
位移法	PO-24	2F	4847	3.6	1/50	1/329	OK
位移法	PO-24	3F	3419	3.6	1/50	1/397	OK
位移法	PO-24	4F	1991	3.6	1/50	1/522	OK
位移法	PO-24	5F	75	3.6	1/50	1/771	OK
位移法	PO-24	6F	19	3.6	1/50	1/1311	OK

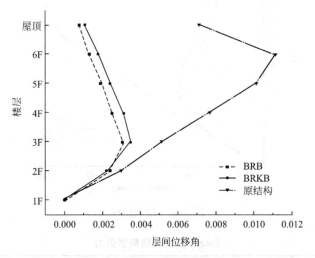

图 5-39　层间位移角

BRKB 加固后结构层间位移值　　　　　　　　　　表 5-18

荷载工况	步骤	楼层	标高(m)	层高(m)	最大位移(m)	位移比
位移法	PO-67	1F	0	3.6	0	1.037
位移法	PO-67	2F	4.2	3.6	0.0094	1.066
位移法	PO-67	3F	7.8	3.6	0.0125	1.043
位移法	PO-67	4F	11.4	3.6	0.0112	1.046
位移法	PO-67	5F	15	3.6	0.0086	1.029

续表

荷载工况	步骤	楼层	标高(m)	层高(m)	最大位移(m)	位移比
位移法	PO-67	6F	18.6	3.6	0.0063	1.023
位移法	PO-67	屋顶	22.2	4.2	0.0038	1.119

BRB 加固后结构层间位移值　　表 5-19

荷载工况	步骤	楼层	标高(m)	层高(m)	最大位移(m)	位移比
位移法	PO-24	1F	0	3.6	0	1.038
位移法	PO-24	2F	4.2	3.6	0.0099	1.101
位移法	PO-24	3F	7.8	3.6	0.0109	1.083
位移法	PO-24	4F	11.4	3.6	0.009	1.003
位移法	PO-24	5F	15	3.6	0.0069	1.062
位移法	PO-24	6F	18.6	3.6	0.0047	1.076
位移法	PO-24	屋顶	22.2	4.2	0.0027	1.147

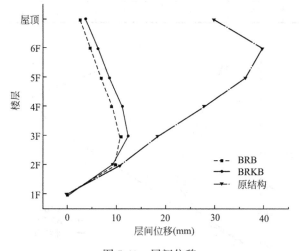

图 5-40　层间位移

BRKB 加固后结构层剪力　　表 5-20

楼层	标高(m)	荷载类型	步骤	单元号	最大层剪力(kN)
1F	0	位移法	PO-67	97	404.45
2F	4.2	位移法	PO-67	2033	379.28
3F	7.8	位移法	PO-67	3959	298.42
4F	11.4	位移法	PO-67	5885	223.49
5F	15	位移法	PO-67	7817	127.81
6F	18.6	位移法	PO-67	9740	57.39

BRB 加固后结构层剪力值　　　　表 5-21

楼层	标高(m)	荷载类型	步骤	单元号	最大层剪力(kN)
1F	0	位移法	PO-24	110	740.96
2F	4.2	位移法	PO-24	2025	436.87
3F	7.8	位移法	PO-24	3951	319.29
4F	11.4	位移法	PO-24	5884	243.87
5F	15	位移法	PO-24	7816	159.88
6F	18.6	位移法	PO-24	9742	77.27

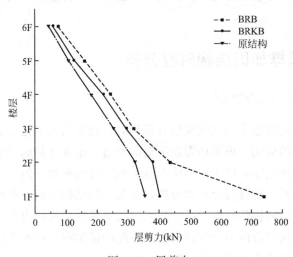

图 5-41　层剪力

从层间位移结果的对比（表 5-18、表 5-19、图 5-40）看，采用 BRKB 加固既有建筑的最大层间位移从第一层开始逐渐增大到第三层的最大值 12.5mm 后逐渐减小，BRB 加固既有建筑呈现出同样趋势。二者的层间位移比较显示，BRKB 加固的既有建筑整体层位移值略小于 BRB 加固的既有建筑，BRKB 使加固后结构体系受力更均匀，在层剪力平均值（表 5-20、表 5-21、图 5-41）和基底剪力数值上小于 BRB 加固结构体系。BRKB 的用钢量小于 BRB 的用钢量，因此 BRKB 加固既有建筑结构更经济。

在性能点处各层最大剪力值，采用 BRKB 加固既有建筑的最大值小于采用 BRB 加固既有建筑的最大值，采用 BRKB 加固既有建筑的最大层剪力发生在第一层，最大值为 404.45kN，采用 BRB 加固既有建筑的最大层剪力也发生在第一层，最大值为 740.96kN。

5.2.7　本节小结

利用 MIDAS GEN 中的施工阶段模拟分析，可模拟既有建筑结构在负载下的加固情况。结构在原有结构荷载、BRKB 自重、施工阶段荷载共同作用下，结构柱的最大压缩量仅为 2.08mm，结构最大内力为 258.5kN·m，最大应力为 128.3N/mm²，满足结构承载力要求。由此可以判断，在既有结构采用 BRKB 加固的过程中，结构整体处于可居住状态，该加固过程安全可行。

通过对 BRKB 与 BRB 加固结构的静力弹塑性分析，可看出两者性能谱曲线均出现性能点，说明两种加固方法均有良好的抗震性能，虽然在层间位移角与层间位移指标上 BRB 加固体系略小于 BRKB 加固体系，但 BRKB 加固体系层间位移角限值仍满足规范限值要求，同时在性能点处 BRKB 加固结构中构件塑性铰值均在可居住范围临界区域之内，BRKB 具有加固后结构体系受力更均匀的特点，在层剪力数值上小于 BRB 加固结构体系，并且 BRKB 构件相比于 BRB 构件的用钢量更少，可以判断 BRKB 加固结构体系具有良好的受力性能且兼具一定的经济性，在层剪力平均值上 BRKB 加固结构值更小，说明 BRKB 加固结构体系整体刚度略小于 BRB 加固体系，更由于 BRKB 构件本身体量小，在同等用钢量的前提下，可实现布设数量更多、更均匀，进而使结体整体受力更均匀，因此层剪力平均值更小。

5.3 耗能隅撑加固结构时程分析

5.3.1 时程分析法概述

既有建筑结构加固改造采用地震反应分析法时，较早出现的是静力法和反应谱法，随后有动力时程分析法的应用。根据地震表征动的频谱、振幅和持时三要素来分析，在结构静力阶段的抗震设计理论中，应参考结构在高频振动时的振幅极值。

在地震反应中，对结构进行弹塑性分析，是为了将结构分析从弹性阶段深化到弹塑性阶段、从构件开裂阶段到构件屈服阶段，再到结构出现局部损坏直至整体倒塌的受力全时段，进而进入到对结构进行内力分配到内力重分配的机制深入探究阶段，将避免破坏的要求以及防止倒塌的举措当作首要研究对象。

对耗能减震结构设计的计算与分析，《建筑抗震设计规范》（2016 年版）GB 50011—2010 有明确说明，通常情况下，结构宜采用静力非线性分析法，或者非线性时程分析法。

依据结构是否进入塑性状态，采用动力时程分析法时，结构耗能构件的恢复力特性一般采用两种划分方式——线性时程分析与非线性时程分析。对于线性时程分析，当地震作用施加在结构中时，整体结构保持在其弹性工作状态，耗能构件的耗能效果不明显，作为线性耗能构件存在；对于非线性时程分析，当地震作用施加在结构中时，结构整体开始进入弹塑性阶段，此时耗能构件的恢复力模型为非线性。

采用速度相关型线性耗能构件，同时主体结构处在弹性状态下，宜采用线性时程分析法；而采用位移相关型耗能构件，可以选取线性分析法中的等效刚度和等效阻尼原理，或当恢复力为非线性时，选择非线性时程分析法。在地震影响下，主体构造已经达到塑性状态，此时耗能构件不论采用何种类型，都必须采用非线性时程分析法。

5.3.2 地震波的选取及调整

5.3.2.1 地震波的选择方法

筛选出合理的地震波是利用动力时程分析法对结构进行地震反应分析的最重要的一个过程。地震波有多种类型，即便是相同的地震波，其加速度峰值一样，得到的分析结果也可能产生很大的差别。由此来看筛选出适合建筑场地类别的地震波，并且满足设计地震分组的地震波，是极其重要的，对结构进行弹塑性地震作用下的反应分析具有较强针对性。表 5-22 给出了现行规范规定的时程分析用到的地震加速度时程曲线最大加速度幅值。

时程分析用到的地震加速度时程的最大值（cm/s²）　　　　表 5-22

地震影响	6 度	7 度		8 度		9 度
		0.10g	0.15g	0.20g	0.30g	
多遇地震	18	35	55	70	110	140
设防地震	50	100	150	200	300	400
罕遇地震	125	220	310	400	510	620

选取动力时程分析的地震波时，要特别注意建筑场地的特征周期，应与筛选出的地震波进行对比，观察地震波的周期是否类型相似或相近，实行地震加速度幅值的调节，按照抗震设防烈度所需求的境况进行，大震持续时间必须得到充分的体现，因为主体结构的非线性发展也是必要的。在此基础上，衡量地震烈度的重要指标还有加速度参数，当筛选地震波时，应依据中国地震烈度表合理全面参考。人工地震波的筛选，一般根据修改实际地震波，或者在此随机过程中产生。

5.3.2.2　地震波的选择结果

在地震波输入时有 3 个因素对结果影响很大——加速度峰值、频谱特性和持续时间。当结构选用立体空间建模时，要对结构地震波实行双向和三向输入，对不同组的地震波进行记载，可以采用实际加速度记录，但每条地震波必须满足 5.3.2.1 节"相符于统计意义之上"的要求。

本节模型抗震等级提高为 7 度（0.15g），场地类别为 Ⅱ 类场地，设计地震分组为第一组，特征周期为 0.35s，加固后结构在多遇地震和设防地震作用下，地震加速度时程的最大值为 55cm/s² 和 150cm/s²，同时为了研究 BRKB 加固既有建筑结构在大震作用下的耗能能力，本节还进行了抗震设防烈度 7 度（0.15g）、地震加速度时程最大值 310cm/s² 的罕遇地震作用时程模拟，综合比较两种加固结构体系在多遇地震、设防地震和罕遇地震作用下结构弹塑性动力时程分析的顶点位移、基底剪力等结果。本节筛选出的地震波如图 5-42 所示，为两条天然地震波和一条人工地震波。

5.3.3　时程分析结果

5.3.3.1　地震作用时程结果

两种加固结构在 3 条地震波作用下，改变加速度峰值、频谱特性，以及持续时间，来模拟其在多遇地震、设防地震、罕遇地震作用下结构的顶点位移、基底剪力数值，具体数值结果如表 5-23～表 5-25 所示。综合对比两种加固结构在动力时程分析过程中结构整体的受力特性，同时将该结果与静力弹塑性研究结果作纵向比较，重点对比加固结构在静力弹塑性分析中塑性出铰情况与动力时程分析中罕遇地震作用下结构耗能构件耗能情况及耗能构件与梁连接段内力变化情况。

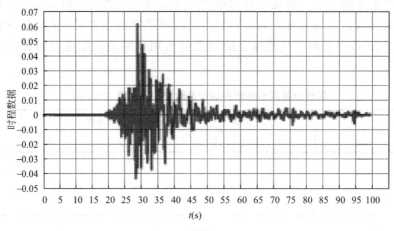

(a) 天然波1

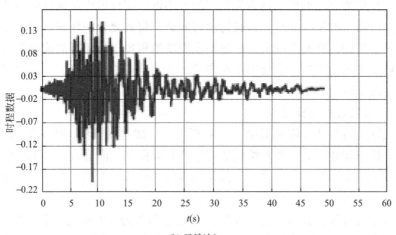

(b) 天然波2

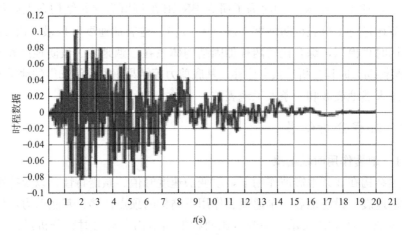

(c) 人工波

图 5-42　3 种地震波

多遇地震时程结果　　　　　　　　　　表 5-23

时程结果	BRKB 加固结果			BRB 加固结果		
	天然波 1 X/Y	天然波 2 X/Y	人工波 X/Y	天然波 1 X/Y	天然波 2 X/Y	人工波 X/Y
顶点位移(cm)	3.92/3.76	3.67/4.38	2.29/2.146	1.42/1.38	1.14/1.41	1.04/1.28
基底剪力(kN)	5042/3607	3249/4942	3462/2238	3509/2458	2789/2407	2939/2432
基底剪力平均值(kN)	3917.7/3595.7			3079/2432		

设防地震时程结果　　　　　　　　　　表 5-24

时程结果	BRKB 加固结果			BRB 加固结果		
	天然波 1 X/Y	天然波 2 X/Y	人工波 X/Y	天然波 1 X/Y	天然波 2 X/Y	人工波 X/Y
顶点位移(cm)	9.39/9.84	7.673/13.80	5.90/6.25	3.67/4.38	4.45/3.55	2.47/275
基底剪力(kN)	12544/8434	9288/12863	9332/6509	5433/5748	7878/5219	5609/4426
基底剪力平均值(kN)	10388/9268.7			6306.7/5131		

罕遇地震时程结果　　　　　　　　　　表 5-25

时程结果	BRKB 加固结果			BRB 加固结果		
	天然波 1 X/Y	天然波 2 X/Y	人工波 X/Y	天然波 1 X/Y	天然波 2 X/Y	人工波 X/Y
顶点位移(cm)	15.92/16.94	16.13/30.44	11.0/11.25	7.09/11.40	8.71/10.93	3.95/7.05
基底剪力(kN)	20433/15175	17254/20469	16013/12664	9872/12879	12440/14165	8793/9852
基底剪力平均值(kN)	17900/13288.4			10368/12298.6		

5.3.3.2　多遇地震、设防地震和罕遇地震作用下耗能构件轴力-位移时程曲线

图 5-43～图 5-45 为不同地震作用下具有代表性的耗能构件的轴力-位移时程曲线。

5.3.3.3　地震作用耗能构件耗能情况

根据表 5-23、表 5-24，进行动力时程分析时，既有结构加固后在多遇地震 7 度 0.15g 和设防地震 7 度 0.15g 的 3 条地震波作用下，对于天然波 1 多遇地震的结构顶点位移，BRB 加固结构体系减小了 65.78%，BRKB 加固结构体系减小 5.5%；对于天然波 2 多遇地震的结构顶点位移，BRB 加固结构体系减小 87.39%，BRKB 加固结构体系减小 59.40%；对于人工波多遇地震的结构顶点位移，BRB 加固结构体系减小 60.78%，BRKB 加固结构体系减小 13.65%。对于天然波 1 设防地震的结构顶点位移，BRB 加固结构体系减小 70.55%，BRKB 加固结构体系减小 24.64%；对于天然波 2 设防地震的结构顶点位移，BRB 加固结构体系减小 83.59%，BRKB 加固结构体系减小 71.72%；对于人工波设防地震的结构顶点位移，BRB 加固结构体系减小 68.95%，BRKB 加固结构体系减小 44.07%。在基底剪力上，BRB 加固结构体系在多遇和设防地震作用下，基底剪力平均值

耗能隔撑钢框架结构性能与设计

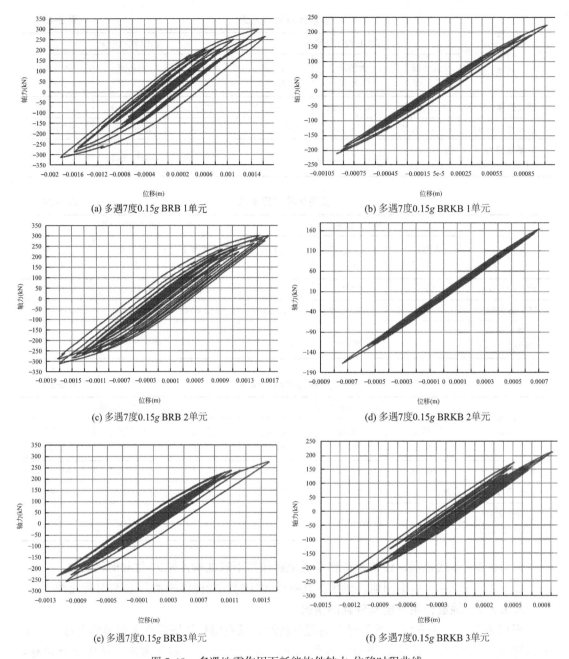

图 5-43　多遇地震作用下耗能构件轴力-位移时程曲线

分别减小了 43.50%、61.42%，而 BRKB 加固结构体系在多遇和设防地震作用下，基底剪力平均值分别减小了 28.13%、36.47%。

同时观察结构在多遇和设防地震下耗能构件的轴力-位移时程曲线。多遇地震作用下 BRB 构件轴向变形达到 1.8mm，达到了屈服位移进而进行耗能。BRKB 构件在此时轴向变形达到 1.0mm 左右，未达到屈服位移，最大轴力也小于其屈服荷载，仅为结构提供一定的抗侧刚度，基本上不进行耗能。设防地震作用下，BRKB 构件轴向变形达到 1.7mm 左右，刚刚达到屈服位移进行耗能。对比两者曲线所围成的滞回环面积也可以看出，BRB

180

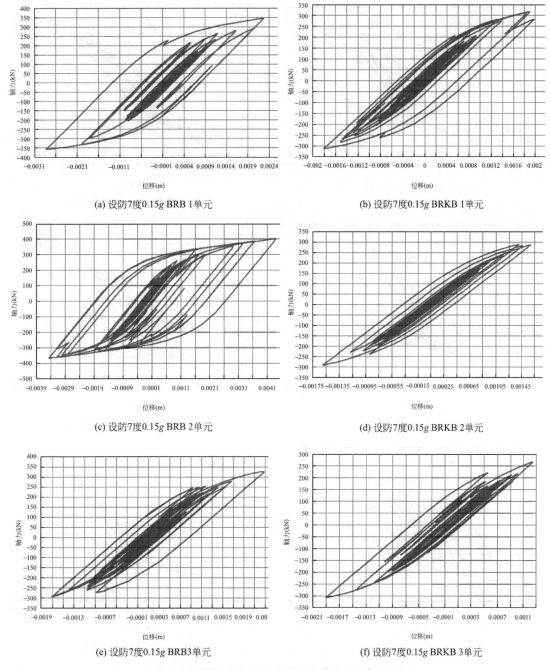

(a) 设防7度0.15g BRB 1单元

(b) 设防7度0.15g BRKB 1单元

(c) 设防7度0.15g BRB 2单元

(d) 设防7度0.15g BRKB 2单元

(e) 设防7度0.15g BRB3单元

(f) 设防7度0.15g BRKB 3单元

图 5-44　设防地震作用下耗能构件轴力-位移时程曲线

构件在同等地震作用下滞回环面积都更饱满，耗能减震效果更明显。相较于原结构 BRB 加固结构体系在多遇和设防地震作用下结构顶点位移和基底剪力比 BRKB 加固结构体系减小得更多，充分体现出采用传统人字型大屈约束支撑的抗震性能优势。采用 BRKB 加固结构体系顶点位移和基底剪力也减小了，相较于原结构，其加固后结构抗震效果提升明显。

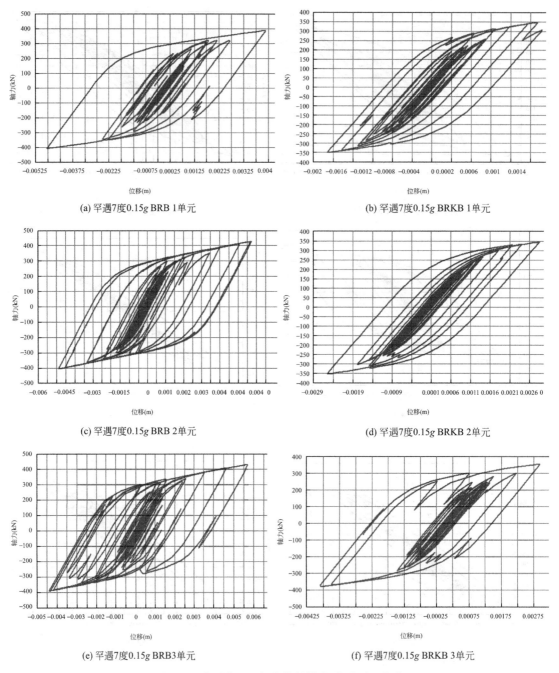

(a) 罕遇7度0.15g BRB 1单元

(b) 罕遇7度0.15g BRKB 1单元

(c) 罕遇7度0.15g BRB 2单元

(d) 罕遇7度0.15g BRKB 2单元

(e) 罕遇7度0.15g BRB3单元

(f) 罕遇7度0.15g BRKB 3单元

图 5-45 大震作用下耗能构件轴力-位移时程曲线

由表 5-25 可知，进行动力时程分析时，既有结构加固后在罕遇地震 7 度 0.15g 的 3 条地震波作用下，对于天然波 1 罕遇地震的结构顶点位移，BRB 加固结构体系减小 55.73%，BRKB 加固结构体系减小 34.21%；对于天然波 2 罕遇地震的结构顶点位移，BRB 加固结构体系减小 80.95%，BRKB 加固结构体系减小 45.69%；对于人工波罕遇地震的结构顶点位移，BRB 加固结构体系减小 77.64%，BRKB 加固结构体系减小 37.74%。

在基底剪力上，BRB 加固结构体系在罕遇地震作用下，基底剪力平均值减小了 69.32%，而 BRKB 加固结构体系在罕遇地震作用下，基底剪力平均值分别减小了 47.03%。

同时观察结构在罕遇地震下耗能构件的轴力-位移时程曲线，BRB 构件完全达到屈服状态进行耗能，耗能效果发挥更明显，而 BRKB 构件在此时也完全达到屈服状态进行耗能，耗能效果相较于多遇和设防地震作用时提升明显。对比两者曲线所围成的滞回环面积也可以看出，BRB 构件在罕遇地震作用下滞回环面积更饱满，但 BRKB 构件滞回环面积略小，但相比于其多遇和设防地震作用时的面积增大明显。相较于原结构，BRB 加固结构体系在罕遇地震作用下结构顶点位移和基底剪力比 BRKB 加固结构体系减小得更多，但对于 BRKB 加固结构体系，相较于在多遇和设防地震时，其结构的顶点位移和基底剪力减小的百分率更大，可以判断出 BRKB 构件在罕遇地震作用下，其耗能减震效果发挥更充分，体现出其加固的特点。

5.3.4　罕遇地震下 BRKB 加固结构特点

5.3.4.1　罕遇地震作用下顶点位移时程曲线

在图 5-46 中，通过耗能隅撑与梁连接的节点域内梁段在地震作用下内力与时间的关系曲线可以判断出，该梁段连接区域在罕遇地震作用下会先于梁柱节点发生屈服，在地震剪切力的往复作用下，进而发展成耗能隅撑与梁连接节点域附近的塑性铰，该塑性铰能够与 BRKB 构件一起产生耗能效果，保护主体梁柱节点的同时有效提升结构整体的耗能能力，提高结构的抗震性能，此结构体系的形成更体现出 BRKB 加固既有建筑结构的加固特点。

5.3.4.2　罕遇地震作用楼层包络图

图 5-47 记录了结构在罕遇地震作用下，3 条地震波的楼层位移包络图，BRB 加固结构在天然波 1 作用下最大绝对层顶位移是原结构体系在同等作用下的 0.45 倍，BRB 加固结构在天然波 2 作用下最大绝对层顶位移是原结构体系在同等作用下的 0.16 倍，BRB 加固结构在人工波作用下最大绝对层顶位移是原结构体系在同等作用下的 0.31 倍；BRKB 加固结构在天然波 1 作用下最大绝对层顶位移是原结构体系在同等作用下的 0.63 倍，BRKB 加固结构在天然波 2 作用下最大绝对层顶位移是原结构体系在同等作用下的 0.29 倍，BRKB 加固结构在人工波作用下最大绝对层顶位移是原结构体系在同等作用下的 0.55 倍。从表面上看 BRB 加固结构体系的层指标明显更优于 BRKB 加固结构体系，但相对于 BRB 加固结构而言，BRKB 加固结构有较大的屈服强度与较小的刚度，由于结构设计控制指标就是刚度与位移，而不是强度，故用较小的结构刚度与更小的结构周期可以得到较好的位移控制，进而可能产生更好的抗震效果，可供后续继续深入研究。

5.3.5　本节小结

通过动力时程分析，在多遇地震作用下，BRB 加固结构体系中 BRB 构件作为抗侧力支撑，能发挥一定的耗能能力，而 BRKB 加固结构体系中 BRKB 构件完全处于弹性阶段而未达到其屈服，仅为结构提供一定的侧向刚度，并且在顶点位移、基底剪力等参数上，BRB 加固结构体系均优于 BRKB 加固结构体系，体现出 BRB 加固结构体系在多遇地震作用下良好的抗震性能优势。

耗能隅撑钢框架结构性能与设计

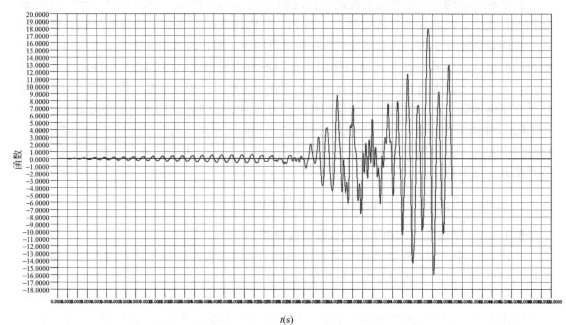

t(s)

(a) 天然地震波1作用下
BRKB加固结构顶点位移时程曲线

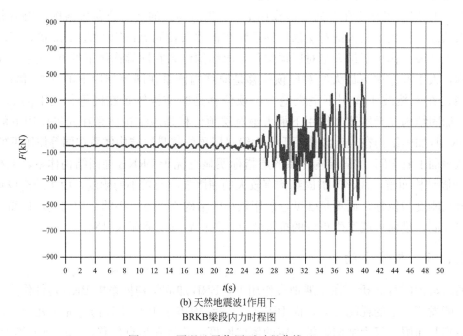

t(s)

(b) 天然地震波1作用下
BRKB梁段内力时程图

图 5-46　罕遇地震作用下时程曲线（一）

184

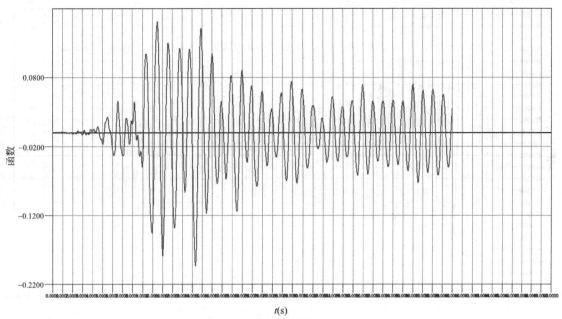

(c) 天然地震波2作用下
BRKB加固结构顶点位移时程曲线

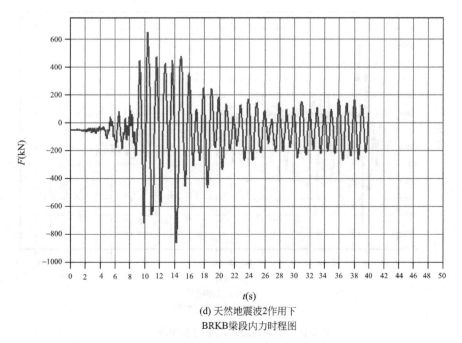

(d) 天然地震波2作用下
BRKB梁段内力时程图

图 5-46　罕遇地震作用下时程曲线（二）

耗能隔撑钢框架结构性能与设计

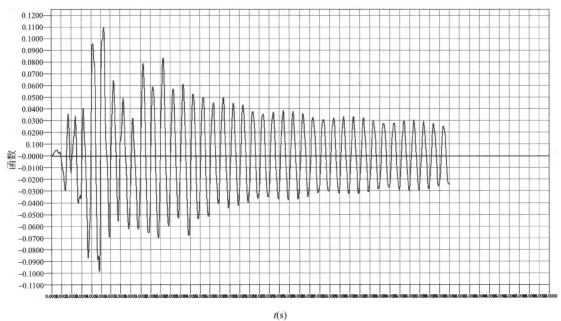

(e) 人工波作用下
BRKB加固结构顶点位移时程曲线

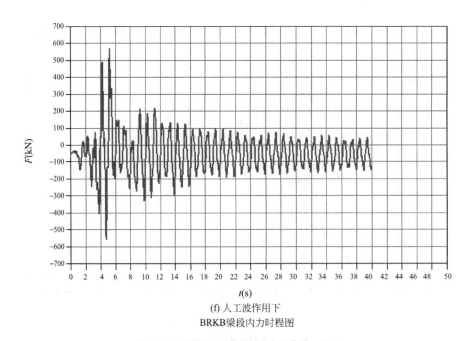

(f) 人工波作用下
BRKB梁段内力时程图

图 5-46　罕遇地震作用下时程曲线（三）

186

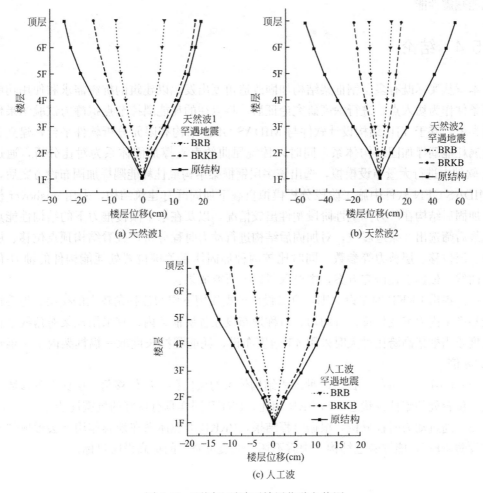

图 5-47　不同地震波下楼层位移包络图

在设防地震作用下，BRB 加固结构体系中耗能构件屈服，耗能效果发挥更加明显，轴力-位移时程曲线所围成的滞回环面积更大、更加饱满，说明在同等地震荷载的作用下，BRB 加固结构体系中的屈曲约束支撑可吸收更多的地震能量。而此时的 BRKB 构件相比于多遇地震时，已进入屈服耗能状态，其耗能性能开始发挥。

两种结构体系在罕遇地震作用下，BRKB 构件耗能继续发挥作用，结构在罕遇地震下的楼层包络图、顶点时程曲线及梁段内力图显示出 BRKB 构件与梁连接区域内，由于地震剪切力的作用，该连接区域内会产生剪切屈服，进而在耗能隅撑与梁连接节点域附近形成塑性铰，从而与 BRKB 构件协同参与耗能，此结构形成后更有效地提高了结构的抗震能力。由此可以得到耗能隅撑加固既有结构体系的三重抗震设防阶段：

第一阶段，在多遇地震作用下，BRKB 构件仅作为结构增强抗侧力的偏心钢支撑；第二阶段，在设防地震作用下，BRKB 构件开始发生轴向塑性变形，出现屈服耗能情况，同时继续为结构提供抗侧刚度；第三阶段，在罕遇地震作用下，BRKB 构件与梁连接区域先于梁柱节点达到屈服，进行非弹性变形状态下的耗能，随着地震作用的持续，耗能隅撑与梁连接节点域转化为节点域塑性铰，与 BRKB 构件协同耗散地震能量，有效提高结构整体的耗能减震性能。

5.4 结论

本章从实际既有多层钢框架结构加固改造角度出发，以建筑的抗震需求和使用功能改变等条件作为切入点，进行深度研究论证后，将以往的耗能隅撑节点拟静力试验结果作为加固参考，基于 YJK 结构设计软件与 MIDAS GEN 结构有限元分析软件平台，建立新型全金属耗能隅撑加固结构体系，同时以传统屈曲约束支撑加固体系为对比分析，通过在 YJK 软件中进行大量布设模拟，选出该多层钢框架结构最佳耗能隅撑加固布设方案后，采用 MIDAS GEN 软件中施工阶段分析模拟负载下加固既有建筑结构，采用 pushover 模拟对比加固后结构在静力弹塑性阶段塑性出铰情况，以及在水平倾覆推力下的结构性能点曲线，最后筛选出 3 条地震波，对加固后结构进行动力时程分析，查看结构顶点位移、层位移角、层位移、层剪力等参数，同时比较两种加固体系关键位置处耗能构件的轴力-位移时程曲线，依据上述研究方案，主要取得以下研究成果：

（1）提出 BRKB 的布设原则：宜布设成地震作用下层间位移角较大的楼层、地震作用下最易产生内力突变位置；宜均匀、对称地布设在各层框架内；宜采用框架对角线平行布设角度或当框架高跨比过大时采用 45°角度布设，耗能隅撑长度取一榀框架内 1/2 梁长度的 0.38 倍。

（2）pushover 分析，比较两种加固结构体系的层位移、层位移角、层剪力等参数及在性能点位置处的塑性铰状态，与 BRR 相比，BRKB 同样具有良好的抗震性能。

（3）通过动力时程分析，根据时程结果，BRKB 加固体系在地震作用下会形成"三重抗震设防阶段"，能够满足结构"中震不坏、大震可修"的更高设防目标。

参考文献

［1］ 高德志，荣萌，赵继．消能减震和隔震技术在 Midas Gen 中的应用 ［J］．建筑结构，2013，43（S1）：842-845.

［2］ 乔文正．带屈曲约束支撑的加层结构抗震性能分析 ［D］．太原：太原理工大学，2012.

［3］ 贺强．带屈曲约束支撑的 V 型偏心支撑钢框架抗震性能研究 ［D］．西安：西安科技大学，2017.

［4］ 中冶京诚工程技术有限公司．钢结构设计标准：GB 50017—2017 ［S］．北京：中国建筑工业出版社，2018.

［5］ 张少坤．考虑楼板影响的钢框架耗能隔撑节点抗震性能试验研究 ［D］．沈阳：沈阳建筑大学，2019.

［6］ 周云，邓雪松，黄文虎．耗能减震结构的抗震设计原则与设计方法 ［J］．世界地震工程，1998，（4）：49-56.

［7］ 吴从晓．高位转换耗能减震结构体系分析研究 ［D］．广州：广州大学，2007.

［8］ 中国建筑科学研究院．高层建筑混凝土结构技术规程：JGJ 3—2010 ［S］．北京：中国建筑工业出版社，2010.

［9］ 北京筑信达工程咨询有限公司．SAP2000 技术指南工程应用（上册）［M］．北京：人民交通出版社股份有限公司，2018.

［10］ 张韬．Midas/gen 在施工过程仿真分析中的应用 ［J］．城市建设理论研究（电子版），2011，22：1-2.

［11］ 李瑞青．钢骨-钢管混凝土组合柱及框架抗震性能分析 ［D］．沈阳：沈阳建筑大学，2018.

［12］ 侯高峰．基于 MIDAS/GEN 高层建筑结构三维有限元仿真分析 ［D］．安徽：合肥工业大学，2007.

［13］ 吴素静．Pushover 分析及时程分析在实际结构工程中的应用与研究 ［D］．陕西：西安建筑科技大学，2004.

［14］ Peter Fajfar，Capacity spectrum method based on inelastic demand spectra ［J］．Earthquake Engineering and Structure Dynamics，1999，28（9）：979-993.

［15］ Tomaz V，Fajfar P，Fischinger M. Consistent inelastic demand spectra：strength and displacement ［J］．Earthquake Engineering and Structure Dynamics，1994，23（5）：507-521.

［16］ Chopra A K，Goel R K. Capacity-demand-diagram methods based on inelastic design spectrum ［J］．Eatrthquake Spectrum，1999，15（4）：637-656.

［17］ Freeman S A. Development and use of capacity spectrum method ［C］．6th US National Conference on Earthquake Engineering，1998.

［18］ Tso W K. Push-over analysis：a tool for performance-based seismic design ［C］．The Fifth International Conference on Tall Building，Hong Kong，1998.

［19］ Krawinkler H，Seneriratna G D P K. Pros and cons of a pushover analysis of seismic performance evaluation ［J］．Engineering Strutures，1998，20（4-6）：452-464.

［20］ Federal Emergency Management Agency. Guidelines and Commentary for the Seismic Rehabilitation of Buildings：ATC-33 ［S］．FEMA 273&274，1998.